AF399535

NOTE

SUR UNE MÉTHODE POUR LA RÉDUCTION

D'INTÉGRALES DÉFINIES

ET SUR SON APPLICATION À

QUELQUES FORMULES SPÉCIALES.

PAR

D. BIERENS DE HAAN.

Publié par l'Académie Royale des Sciences à Amsterdam.

© 2023 Culturea Editions
Illustration de couverture : © domaine public
Edition : Culturea, le patrimoine des lettres (Hérault, 34)
Contact : infos@culturea.fr
Retrouvez notre catalogue sur http://culturea.fr
Imprimé en Allemagne par Books on Demand, In de Tarpen 42, Norderstedt.
Design typographique : Derek Murphy
Layout : Reedsy (https://reedsy.com/)
ISBN : 9791041940295
Dépôt légal : janvier 2023
Tous droits réservés pour tous pays

NOTE

SUR UNE MÉTHODE POUR LA RÉDUCTION

D'INTÉGRALES DÉFINIES

ET SUR SON APPLICATION À

QUELQUES FORMULES SPÉCIALES.

PAR

D. BIERENS DE HAAN.

---

1. Je prends pour données les formules trouvées par MM. Schlömilch et Arndt :

$$\int_0^\infty \frac{e^{-px}\,dx}{x+q} = -e^{pq}\,\mathrm{Li}(e^{-pq}) = -e^{pq}\,\mathrm{Ei}(-pq) = a, \tag{I}$$

$$\int_0^\infty \frac{e^{-px}\,dx}{x-q} = -e^{-pq}\,\mathrm{Li}(e^{pq}) = -e^{-pq}\,\mathrm{Ei}(pq) = b, \tag{II}$$

$$\int_0^\infty \frac{e^{-px}\,dx}{x^2+q^2} = \frac{1}{q}\left\{\mathrm{Ci}(pq)\,\mathrm{Sin}\,pq - \mathrm{Si}(pq)\,\mathrm{Cos}\,pq + \tfrac{1}{2}\pi\,\mathrm{Cos}\,pq\right\} = \frac{c}{q}, \tag{III}$$

$$\int_0^\infty \frac{e^{-px}x\,dx}{x^2+q^2} = -\,\mathrm{Ci}(pq)\,\mathrm{Cos}\,pq - \mathrm{Si}(pq)\,\mathrm{Sin}\,pq + \tfrac{1}{2}\pi\,\mathrm{Sin}\,pq = d. \tag{IV}$$

Sur les deux premières on peut voir : Schlömilch dans ses *Beiträge zur Theorie der bestimmten Integrale* III, 5 ; dans ses *Analytische Studien* I, §18, II, §20, et Grunert's *Archif*, Bd. V, S. 204. — Arndt. Gr. *Arch.* Bd. X, S. 247. — Winkler. Crelle's *Journal*, Bd. XLV, S. 102. Et sur les deux dernières : Schlömilch dans ses *Anal. Stud.* II, §21 et Cr. *Journal* Bd. XXXIII, S. 325. — Arndt. Gr. *Arch.* Bd. X, S. 225.

En outre nous aurons besoin de deux autres formules connues, savoir :

$$\int_0^\infty e^{-px}\,dx \quad = \frac{1}{p}, \tag{V}$$

$$\int_0^\infty e^{-px} x^a\,dx = \frac{1^{a/1}}{p^{a+1}} = \frac{\Gamma(a+1)}{p^{a+1}}. \tag{VI}$$

Sur la première, qui se déduit aisément par l'intégration indéfinie, voyez : CISA DE GRÉSY. *Mém. de Turin*, 1821, p. 209. II, N°. 45. LIOUVILLE. *Journal de Liouville*, T. IV, p. 317. — OETTINGER. CR. *Journ.* Bd. XXXV, S. 13. — Quant à la dernière, qui est due à Euler, on peut consulter ses *Instit. Calc. Int.* T. IV, Supp. V, p. 129, sqq. — LEGENDRE. *Exerc. de Calcul Intégral.* P. III, N°. 31. — POISSON. *Journal de l'École Polyt.* Cah. XIX, p. 404, N°. 68. — BINET. *Journ. de l'Éc. Pol.* Cah. XXVII, p. 123. — LEJEUNE-DIRICHLET. CR. *Journ.* Bd. XV, S. 258. — OETTINGER. CR. *Journ.* Bd. XXXV, S. 13. — SCHAAR. Mém. de Brux. 1848. — LOBATSCHEWSKY. *Mém. de Kasan*, 1835, p. 211 et 1836, p. 1, I form. (13).

La somme et la différence des formules (I) et (II) donnent :

$$\int_0^\infty \frac{e^{-px}\,dx}{x^2 - q^2} \quad = \frac{b-a}{2q} = \frac{1}{2q}\left\{ e^{pq}\,\mathrm{Ei}(-pq) - e^{-pq}\,\mathrm{Ei}(pq) \right\}, \tag{VII}$$

$$\int_0^\infty \frac{e^{-px} x\,dx}{x^2 - q^2} = \frac{a+b}{2} = -\tfrac{1}{2}\left\{ e^{pq}\,\mathrm{Ei}(-pq) + e^{-pq}\,\mathrm{Ei}(pq) \right\}. \tag{VIII}$$

Ces formules ont été trouvées par SCHLÖMILCH dans ses *Anal. Stud.* II, §20 et par ARNDT, GR. *Arch.* Bd. X, S. 247.

Les signes Li, Ei, Ci et Si dénotent ici les fonctions transcendantes, connues sous les noms de logarithme intégral, exponentielle intégral, sinus intégral et cosinus intégral, qui sont exprimées respectivement par les équations

$$\mathrm{Li}(q) = \int_0^q \frac{dx}{\log x} = \mathrm{A} + \log\log q + \frac{1}{1}\frac{\log q}{1} + \tfrac{1}{2}\frac{(\log q)^2}{1\cdot 2} + \ldots,$$

$$\mathrm{Ei}(q) = -\int_{-q}^\infty \frac{e^{-x}\,dx}{x} = \mathrm{A} + \log q + \frac{1}{1}\frac{q}{1} + \tfrac{1}{2}\frac{q^2}{1\cdot 2} + \ldots,$$

$$\mathrm{Si}(q) = \int_0^q \frac{\mathrm{Sin}\,x\,dx}{x} = \frac{1}{1}\frac{q}{1} - \tfrac{1}{3}\frac{q^3}{1\cdot 2\cdot 3} + \tfrac{1}{5}\frac{q^5}{1\cdot 2\cdot 3\cdot 4\cdot 5} - \ldots,$$

$$\mathrm{Ci}(q) = \int_\infty^q \frac{\mathrm{Cos}\,x\,dx}{x} = \mathrm{A} + \log q - \tfrac{1}{2}\frac{q^2}{1\cdot 2} + \tfrac{1}{4}\frac{q^4}{1\cdot 2\cdot 3\cdot 4} - \ldots.$$

La deuxième ne diffère de la première que dans le cas où q soit imaginaire : les deux dernières transcendantes sont introduites dans l'analyse par MM. SCHLÖMILCH et ARNDT en même temps. A est la constante connue $0,5772156\ldots$

déterminée déjà par MASCHERONI. En outre j'ai employé pour les factorielles ou facultés numériques la notation de KRAMP :

$$p^{a/q} = p \cdot (p+q) \cdot (p+2q) \cdots (p+(a-1)q).$$

2. Cherchons à présent les intégrales

$$\int_0^\infty \frac{e^{-px} x^h \, dx}{x+q} = A_h, \qquad \int_0^\infty \frac{e^{-px} \, dx}{(x+q)^k} = C_k,$$

$$\int_0^\infty \frac{e^{-px} x^h \, dx}{x-q} = B_h, \qquad \int_0^\infty \frac{e^{-px} \, dx}{(x-q)^k} = D_k.$$

Généralement on a

$$\int_0^\infty \frac{e^{-px} x^{h+1} \, dx}{x+q} = \int_0^\infty e^{-px} x^h \, dx - q \int_0^\infty \frac{e^{-px} x^h \, dx}{x+q},$$

$$\int_0^\infty \frac{e^{-px} x^{h+1} \, dx}{x-q} = \int_0^\infty e^{-px} x^h \, dx + q \int_0^\infty \frac{e^{-px} x^h \, dx}{x-q};$$

ou bien

$$A_{h+1} = \frac{1^{h/1}}{p^{h+1}} - qA_h, \qquad\qquad (a)$$

$$B_{h+1} = \frac{1^{h/1}}{p^{h+1}} + qB_h. \qquad\qquad (b)$$

En appliquant cette réduction, on obtient successivement

$$A_1 = -aq + \frac{1}{p},$$

$$A_2 = +aq^2 + \frac{1-pq}{p^2},$$

$$A_3 = -aq^3 + \frac{1 \cdot 2 - pq + p^2 q^2}{p^3},$$

$$A_4 = +aq^4 + \frac{1 \cdot 2 \cdot 3 - 1 \cdot 2 \cdot pq + p^2 q^2 - p^3 q^3}{p^4};$$

donc en général

$$A_h = a(-q)^h + \frac{1}{p^h} \sum_1^h 1^{h-n/1} (-pq)^{n-1}; \qquad\qquad (1)$$

et de la même manière

$$\mathrm{B}_h = b(q)^h + \frac{1}{p^h} \sum_1^h 1^{h-n/1}(pq)^{n-1};$$

$$(2)$$

ce qui s'accorde avec les formules de réduction générales.

Pour les deux intégrales C et D le même chemin ne nous mène pas au but : il faut avoir recours à une autre réduction, qui est, si je ne me trompe, aussi féconde dans ses résultats, qu'elle est simple et surtout qu'elle est sûre dans son application et dans sa déduction.

3. La méthode connue d'intégration, dite par parties, est donnée par cette formule

$$d_x\{f(x) \cdot \varphi(x)\} = \varphi(x) \cdot d_x\{f(x)\} + f(x) \cdot d_x\{\varphi(x)\},$$

d'où

$$\varphi(x) \cdot d_x\{f(x)\} = d_x\{f(x) \cdot \varphi(x)\} - f(x) \cdot d_x\{\varphi(x)\}.$$

Intégrons cette formule entre les limites a et b, nous obtiendrons

$$\int_a^b \varphi(x) \cdot d_x\{f(x)\}\, dx = \int_a^b d_x\{f(x) \cdot \varphi(x)\}\, dx - \int_a^b f(x) \cdot d_x\{\varphi(x)\}\, dx.$$

La deuxième de ces intégrales est facile à déterminer, puisque l'on n'a besoin d'aucune intégration : elle est $f(b) \cdot \varphi(b) - f(a) \cdot \varphi(a)$, sans constante, parce que celle-ci se détruit, lorsqu'on prend la différence des valeurs de l'intégrale pour les deux limites, dans la supposition toutefois que les fonctions $f(x)$ et $\varphi(x)$ restent continues entre ces deux limites. On a donc enfin

$$\int_a^b \varphi(x) \cdot d_x\{f(x)\}\, dx = f(b) \cdot \varphi(b) - f(a) \cdot \varphi(a) - \int_a^b f(x) \cdot d_x\{\varphi(x)\}\, dx. \qquad (A)$$

Quand les termes intégrés peuvent se déterminer exactement, sans rester indéterminés, comme il peut arriver fréquemment, et que de plus la première intégrale soit connue, la seconde s'en déduit directement, entre les mêmes limites, qui valent pour la première. Il est de rigueur que les termes intégrés aient une valeur déterminée : pour les cas ordinaires des limites 0 et 1, 0 et ∞, 1 et ∞ etc., il arrive souvent, que ces produits se trouvent sous la forme indéterminée $0 : 0$, $\infty : \infty$, $0 : \infty$; mais dans ces cas l'on peut toujours s'assurer par les règles ordinaires et connues, si leur valeur soit vraiment indéterminée, ou si elle puisse se réduire à quelque valeur déterminée. Il est presque superflu d'ajouter la remarque, que la discontinuité de la fonction $f(x) \cdot \varphi(x)$ pour quelque valeur c de x entre les limites a et b nécessite la correction

$$\text{Lim.}\big[f(c - \varepsilon)\varphi(c - \varepsilon) - f(c + \varepsilon)\varphi(c + \varepsilon)\big]$$

pour la limite zéro de ε. Bien que ce cas de discontinuité ait lieu quelquefois auprès des intégrales, que nous allons étudier, la valeur de cette correction est toujours nulle : afin de ne pas troubler l'ordre du raisonnement à chaque instant, la discussion rélative a été renvoyée à la fin.

Sous cette forme (A), je dis que cette formule est capable de donner un grand nombre d'intégrales définies, et premièrement qu'elle peut quelquefois fournir des intégrales, que l'on cherche ordinairement par la méthode de la différentiation par rapport à une constante sous le signe d'intégration définie ; méthode qui, dans son application usuelle, n'est certainement pas toujours rigoureuse, et qui est exposée en outre à de graves inconvénients, que l'on ne rencontre pas auprès de notre formule. En second lieu cette transformation peut introduire une nouvelle fonction sous le signe d'intégration définie, ce qui donne des résultats non moins intéressants.

Bien que quelquefois on ait fait usage d'une réduction semblable dans le cours du calcul de quelque intégrale définie, je ne me rappelle pas, qu'on en ait fait autant de cas, qu'elle semble mériter. Je vais tâcher de faire voir dans la suite, qu'en effet elle donne beaucoup de formules utiles et surtout générales d'intégrales définies. J'en ai fait un usage fréquent dans la déduction de nouvelles intégrales définies dans les tables de ces fonctions, que je suis occupé de rediger, sans toutefois avoir été aussi loin que dans cette Note, et m'arrêtant le plus souvent, lorsque j'avais à recourir à des sommations.

On a donc le

Théorème I. Si dans une intégrale définie $\displaystyle\int_a^b F(x) \cdot dx$, la fonction $F(x)$ peut être mise sous la forme d'un produit, tel que l'un des facteurs soit la différentielle d'une fonction connue quelconque, c'est-à-dire, lorsqu'on a

$$F(x) = \varphi(x) \cdot d_x\{f(x)\},$$

on aura aussi l'équation

$$\int_a^b \varphi(x) \cdot d_x\{f(x)\}\, dx = \varphi(b) \cdot f(b) - \varphi(a) \cdot f(a) - \int_a^b f(x) \cdot d_x\{\varphi(x)\}\, dx.$$

Quoique dans le cours de cette Note on ne fera usage que de ce théorème, il vaudra bien la peine pourtant d'en tirer un corollaire intéressant, en y appliquant la méthode d'intégration par rapport à une constante sous le signe d'intégration définie. A cet effet prenons q pour la variable, le théorème précédent nous fournira l'équation

$$\int_\alpha^\beta \varphi(q,x) \cdot d_q\{f(q,x)\}\, dq = \varphi(\beta,x) \cdot f(\beta,x) - \varphi(\alpha,x) \cdot f(\alpha,x)$$
$$- \int_\alpha^\beta f(q,x) \cdot d_q\{\varphi(q,x)\}\, dq;$$

tandis que la méthode mentionnée est comprise, dans le cas général, sous la formule :

$$\int_\alpha^\beta dy \int_a^b \mathrm{F}(y,z)\, dz = \int_a^b dz \int_\alpha^\beta \mathrm{F}(y,z)\, dy - \Delta,$$

où Δ est la correction, qu'il faut ajouter en divers cas de discontinuité. Prenons dans cette formule q et x au lieu de y et z : nous aurons

$$\int_\alpha^\beta dq \int_a^b \mathrm{F}(q,x)\, dx = \int_a^b dx \int_\alpha^\beta \mathrm{F}(q,x)\, dq - \Delta.$$

Supposons en outre que $\mathrm{F}(q,x)$ soit de la forme $\varphi(q,x) \cdot d_q\{f(q,x)\}$, et nous trouverons enfin par la substitution de la première équation

$$\int_\alpha^\beta dq \int_a^b \varphi(q,x) \cdot d_q\{f(q,x)\}\, dx = \int_a^b dx\, [\varphi(\beta,x) \cdot f(\beta,x) - \varphi(\alpha,x) \cdot f(\alpha,x)]$$
$$- \int_a^b dx \int_\alpha^\beta f(q,x) \cdot d_q\{\varphi(q,x)\}\, dq - \Delta. \tag{B}$$

Il s'en suit donc le

Théorème II. Lorsque dans une intégrale définie $\displaystyle\int_a^b \mathrm{F}(q,x)\, dx$ la fonction $\mathrm{F}(q,x)$ peut être mise sous la forme d'un produit, tel que l'un des facteurs soit la différentielle d'une fonction connue quelconque de q, c'est-à-dire, lorsqu'on a

$$\mathrm{F}(q,x) = \varphi(q,x) \cdot d_q\{f(q,x)\},$$

on aura aussi l'équation

$$\int_\alpha^\beta dq \int_a^b \varphi(q,x) \cdot d_q\{f(q,x)\}\, dx = - \int_a^b dx \int_\alpha^\beta f(q,x) \cdot d_q\{\varphi(q,x)\}\, dq - \Delta$$
$$+ \int_a^b dx\, [\varphi(\beta,x) \cdot f(\beta,x) - \varphi(\alpha,x) \cdot f(\alpha,x)];$$

où Δ est la correction nécessaire dans certains cas de discontinuité de la fonction $\mathrm{F}(a,x)$ — pour des valeurs de q et de x, qui tombent entre les limites respectives incluses, α et β, a et b, — lors de l'application de la méthode du changement dans l'ordre des intégrations. Toutefois ce résultat ne peut valoir que sous la double condition, à laquelle ce changement est soumis, savoir que

$$y = \tfrac{1}{2}\operatorname{Lim.}\varepsilon\frac{d^2 \cdot \mathrm{F}(q,x)}{dq^2} \quad \text{et} \quad \operatorname{Lim.}\int_a^b y\,dx$$

soient toutes deux nulles.

Comme pour le Théorème I il faut observer, qu'on a supposé que $\varphi(q,x)\cdot f(q,x)$ soit continu entre les limites α et β de q : lorsque cela ne serait plus le cas, il faudrait ajouter au second membre de cette équation la correction

$$\operatorname{Lim.}\int_\alpha^\beta \big[f(c-\varepsilon)\cdot\varphi(c-\varepsilon) - f(c+\varepsilon)\cdot\varphi(c+\varepsilon)\big].$$

4.   A l'aide de cette méthode les intégrales C et D se déduisent aisément. Nous pouvons appliquer le théorème ici de trois manières différentes, savoir

$$\int_0^\infty \frac{e^{-px}\,dx}{(x+q)^k} = \int_0^\infty \frac{e^{-px}}{(x+q)^k}\,d\cdot x$$

$$= \frac{xe^{-px}}{(x+q)^k}\bigg]_0^\infty - \int_0^\infty x\left\{\frac{-pe^{-px}\,dx}{(x+q)^k} + e^{-px}\frac{-k\,dx}{(x+q)^{k+1}}\right\}$$

$$= \frac{xe^{-px}}{(x+q)^k}\bigg]_0^\infty + \int_0^\infty e^{-px}\,dx\left\{\frac{p}{(x+q)^{k-1}} + \frac{k-pq}{(x+q)^k} - \frac{kq}{(x+q)^{k+1}}\right\},$$

$$-p\int_0^\infty \frac{e^{-px}\,dx}{(x+q)^k} = \int_0^\infty \frac{1}{(x+q)^k}\,d\cdot e^{-px} = \frac{e^{-px}}{(x+q)^k}\bigg]_0^\infty - \int_0^\infty e^{-px}\,dx\frac{-k}{(x+q)^{k+1}},$$

$$-k\int_0^\infty \frac{e^{-px}\,dx}{(x+q)^{k+1}} = \int_0^\infty e^{-px}\,d\cdot\frac{1}{(x+q)^k} = \frac{e^{-px}}{(x+q)^k}\bigg]_0^\infty - \int_0^\infty \frac{1}{(x+q)^k}\cdot -pe^{-px}\,dx.$$

Ici, comme partout dans la suite, la notation : $\mathrm{F}(x)\Big]_a^b$ signifie, que l'on doit prendre la fonction $\mathrm{F}(x)$ entre les limites a et b. Voyons d'abord ce que deviennent ici les termes déjà intégrés, dont les deux derniers sont égaux. Pour la limite 0 de x ils sont

$$\frac{xe^{-px}}{(x+q)^k} = \frac{0\cdot 1}{q^k} = 0 \quad \text{et} \quad \frac{e^{-px}}{(x+q)^k} = \frac{1}{q^k}.$$

Pour l'autre limite ∞ de x ils s'offrent sous la forme

$$\frac{xe^{-px}}{(x+q)^k} = \frac{\infty\cdot 0}{\infty^k} = 0,\ \text{pour } k \geqq 1, \qquad \frac{e^{-px}}{(x+q)^k} = \frac{0}{\infty} = 0,\ \text{pour } k > 0.$$

Donc ces termes, quoiqu'on partie ils semblent indéterminés, sont en vérité 0 ou q^{-k}. Donc les équations deviennent, après la séparation des intégrales, réunies par les signes $+$ ou $-$,

$$\mathrm{C}_k = p\mathrm{C}_{k-1} + (k - pq)\mathrm{C}_k - kq\mathrm{C}_{k+1},$$

ou bien

$$kq\mathrm{C}_{k+1} = p\mathrm{C}_{k-1} - (pq - k + 1)\mathrm{C}_k, \quad k \geqq 1 \tag{c}$$

et

$$\left.\begin{aligned} -p\mathrm{C}_k &= -\frac{1}{q^k} + k\mathrm{C}_{k+1}, &\quad k > 0 \\ -k\mathrm{C}_{k+1} &= -\frac{1}{q^k} + p\mathrm{C}_k, &\quad k > 0 \end{aligned}\right\} \tag{d}$$

dont les deux dernières coincident. Dans l'application la formule (d) sera la plus facile : en tous cas on trouve, parceque $\mathrm{C}_0 = \dfrac{1}{p}$, $\mathrm{C}_1 = a$:

$$\mathrm{C}_2 = -ap + \frac{1}{q},$$
$$\mathrm{C}_3 = \frac{ap^2}{2} + \frac{1 - pq}{2q^2},$$
$$\mathrm{C}_4 = -\frac{ap^3}{2 \cdot 3} + \frac{2 - pq + p^2q^2}{2 \cdot 3 \cdot q^3},$$
$$\mathrm{C}_5 = \frac{ap^4}{2 \cdot 3 \cdot 4} + \frac{2 \cdot 3 - 2pq + p^2q^2 - p^3q^3}{2 \cdot 3 \cdot 4 \cdot q^4};$$

donc en général

$$\mathrm{C}_k = \frac{(-p)^{k-1}}{1^{k-1}/1} a + \frac{1}{1^{k-1}/1 \, q^{k-1}} \sum_{1}^{k-1} 1^{k-n-1/1} (-pq)^{n-1} \tag{3}$$

en accord avec les deux formules générales de réduction. On trouverait de même

$$\mathrm{D}_k = \frac{(-p)^{k-1}}{1^{k-1}/1} b + \frac{1}{1^{k-1}/1 \, (-q)^{k-1}} \sum_{1}^{k-1} 1^{k-n-1/1} (pq)^{n-1}. \tag{4}$$

5.   Restent encore les intégrales analogues

$$\int_0^\infty \frac{e^{-px} x^h \, dx}{(x + q)^k} = \mathrm{E}_{h,k}, \qquad \int_0^\infty \frac{e^{-px} x^h \, dx}{(x - q)^k} = \mathrm{F}_{h,k},$$

qui ne sont pas aussi simples. En premier lieu notre méthode donne ici d'un triple point de vue

$$(h + 1) \int_0^\infty \frac{e^{-px} x^h \, dx}{(x + q)^k} = \int_0^\infty \frac{e^{-px}}{(x + q)^k} d \cdot x^{h+1} = \frac{e^{-px} x^{h+1}}{(x - q)^k} \Big]_0^\infty$$
$$- \int_0^\infty x^{h+1} \left\{ \frac{-pe^{-px} \, dx}{(x + q)^k} + e^{-px} \frac{-k \, dx}{(x + q)^{k+1}} \right\};$$

$$-p \int_0^\infty \frac{e^{-px} x^{h+1}\, dx}{(x+q)^k} = \int_0^\infty \frac{x^{h+1}}{(x+q)^k} d \cdot e^{-px} = \frac{e^{-px} x^{h+1}}{(x+q)^k} \Big]_0^\infty$$
$$- \int_0^\infty e^{-px} \left\{ \frac{(h+1)x^h\, dx}{(x+q)^k} + x^{h+1} \frac{-k\, dx}{(x+q)^{k+1}} \right\};$$

$$-k \int_0^\infty \frac{e^{-px} x^{h+1}\, dx}{(x-q)^{k+1}} = \int_0^\infty e^{-px} x^{h+1} d \cdot \frac{1}{(x+q)^k} = \frac{e^{-px} x^{h+1}}{(x+q)^k} \Big]_0^\infty$$
$$- \int_0^\infty \frac{1}{(x+q)^k} \left\{ -pe^{-px} x^{h+1}\, dx + (h+1)x^h e^{-px}\, dx \right\}.$$

Les termes déjà intégrés, qui ici sont les mêmes dans les trois formules, donnent pour la limite $x = 0$, $\dfrac{1 \cdot 0}{q^k} = 0$; mais pour la limite supérieure $x = \infty$, ils semblent indéterminés, vid. $\dfrac{0 \cdot \infty^{h+1}}{\infty^k}$. Voyons ce qui en est et mettons les sous la forme $\dfrac{x^{h+1}}{e^{px}(x+q)^k}$. Nous aurons $\dfrac{x^{h+1}}{e^{px}(x+q)^k} = \dfrac{(h+1)x^h}{e^{px}\{p(x+q)^k + k(x+q)^{k-1}\}}$. Donc la puissance diminue de degré dans le numérateur, jusqu'à ce que l'on aura $1^{h+1/1}$; dans le dénominateur on aura alors

$$e^{px}\{p^h(x+q)^k + \cdots\cdots + \cdots(x+q)^{k-h}\}$$

si $k > h$; dans le cas contraire le dernier terme est $(x+q)^0$. Ce polynome est infini pour $x = \infty$, e^{px} est de même infini : donc la fraction est devenue $\dfrac{0}{\infty \cdot \infty}$ bien certainement zéro. Les équations deviennent ainsi :

$$(h+1)\mathrm{E}_{h,k} = p\mathrm{E}_{h+1,k} + k\mathrm{E}_{h+1,k+1},$$
$$-p\mathrm{E}_{h+1,k} = -(h+1)\mathrm{E}_{h,k} + k\mathrm{E}_{h+1,k+1},$$
$$-k\mathrm{E}_{h+1,k+1} = p\mathrm{E}_{h+1,k} - (h+1)\mathrm{E}_{h,k}.$$

Ces trois équations sont donc identiques, et l'on a en général

$$(k-1)\mathrm{E}_{h,k} = -p\mathrm{E}_{h,k-1} + h\mathrm{E}_{h-1,k-1}. \qquad (e)$$

En application elle donne

$$\mathrm{E}_{h,1} = \mathrm{A}_h,$$
$$\mathrm{E}_{h,2} = -p\mathrm{A}_h + h\mathrm{A}_{h-1},$$
$$\mathrm{E}_{h,3} = \tfrac{1}{2}(-p\mathrm{E}_{h,2} + h\mathrm{E}_{h-1,2}) = \tfrac{1}{2}\left(p^2\mathrm{A}_h - 2p \cdot h\mathrm{A}_{h-1} + h \cdot (h-1)\mathrm{A}_{h-2}\right),$$
$$\mathrm{E}_{h,4} = \tfrac{1}{2\cdot 3}(-p\mathrm{E}_{h,3} + h\mathrm{E}_{h-1,3})$$
$$= \tfrac{1}{2\cdot 3}\left(-p^3\mathrm{A}_h + 3p^2 h\mathrm{A}_{h-1} - 3p \cdot h(h-1)\mathrm{A}_{h-2} + h \cdot (h-1)(h-2)\mathrm{A}_{h-3}\right);$$

donc en général

$$\mathrm{E}_{h,k+1} = \frac{1}{1^{k/1}} \sum_{0}^{k} 1^{k-m/1} \binom{h}{k-m}\binom{k}{m}(-p)^m \mathrm{A}_{h-k+m} \tag{5}$$

où $\binom{x}{y}$ est la notation usuelle pour le coefficient à index y de la puissance $x^{ième}$. Mais cette formule a le grave inconvénient d'obliger à recourir à $k+1$ valeurs différentes de A : l'on ne peut y remédier, qu'en perdant la forme simple, obtenue jusqu'ici. Car en vertu de (a) on a

$$q\mathrm{A}_{h-1} = \frac{1^{h-1/1}}{p^h} - \mathrm{A}_h;$$

substituons cette valeur dans l'équation pour $\mathrm{E}_{h,2}$ et il ne reste que A_h et une quantité déterminée, non fonction de A_h : donc tous les $\mathrm{E}_{h,k}$ peuvent se déterminer de la même manière. Par le calcul on trouve en effet

$$\mathrm{E}_{h,2} = \frac{1^{h/1}}{p^h}\frac{1}{q} - \frac{pq+h}{q}\mathrm{A}_h,$$

$$\mathrm{E}_{h,3} = -\frac{1^{h/1}}{p^h}\frac{pq+h-1}{1\cdot 2\cdot q^2} + \frac{p^2q^2 + h\cdot 2pq + h\cdot(h-1)}{1\cdot 2\cdot q^2}\mathrm{A}_h,$$

$$\mathrm{E}_{h,4} = \frac{1^{h/1}}{p^h}\frac{pq + \left(p^2q^2 + (h-1)\cdot 2pq + (h-1)\cdot(h-2)\right)}{1\cdot 2\cdot 3\cdot q^3}$$
$$- \frac{p^3q^3 + h\cdot 3p^2q^2 + h\cdot(h-1)\cdot 3pq + h\cdot(h-1)(h-2)}{1\cdot 2\cdot 3\cdot q^3}\mathrm{A}_h.$$

L'acte de progression dans le coefficient de A_h est facile à saisir : nous ne transcrirons donc dorénavant que le premier terme, comme suit :

$$\mathrm{E}_{h,5} = -\frac{1^{h/1}}{p^h}\frac{\left\{\begin{array}{l}2pq(pq+h-2) + (p^3q^3 + (h-1)\cdot 3p^2q^2 \\ \qquad\qquad + (h-1)(h-2)\cdot 3pq \\ \qquad\qquad + (h-1)\cdot(h-2)\cdot(h-3))\end{array}\right\}}{1\cdot 2\cdot 3\cdot 4\cdot q^4} + \&c.$$

$$\mathrm{E}_{h,6} = \frac{1^{h/1}}{p^h}\frac{\left\{\begin{array}{l}2p^2q^2 + 3pq(p^2q^2 + (h-2)\cdot 2pq + (h-2)\cdot(h-3)) \\ \qquad + (p^4q^4 + (h-1)\cdot 4p^3q^3 + \text{etc.})\end{array}\right\}}{1\cdot 2\cdot 3\cdot 4\cdot 5\cdot q^5} - \&c.$$

$$E_{h,7} = -\frac{1^{h/1}}{p^h} \frac{\left\{\begin{array}{l} 3 \cdot 2 \cdot p^2 q^2 (pq + h - 3) \\ \quad + 4pq(p^3 q^3 + (h-2)\cdot 3p^2 q^2 \\ \qquad\qquad + (h-2)\cdot(h-3)\cdot 3pq \\ \qquad\qquad\qquad + (h-2)\cdot(h-3)\cdot(h-4)) \\ \quad + (p^5 q^5 + \text{etc.}) \end{array}\right\}}{1 \cdot 2 \cdot 3 \cdot 4 \cdot 5 \cdot 6 \cdot q^6} + \&c.$$

$$E_{h,8} = \frac{1^{h/1}}{p^h} \frac{\left\{\begin{array}{l} 2 \cdot 3 \cdot p^3 q^3 + 6 \cdot 2 \cdot p^2 q^2 (p^2 q^2 + (h-3)\cdot 2pq \\ \qquad\qquad\qquad\qquad\qquad + (h-3)\cdot(h-4)) \\ \quad + 5pq(p^4 q^4 + (h-2)\cdot 4p^3 q^3 + \text{etc.}) \\ \quad + (p^6 q^6 + \text{etc.}) \end{array}\right\}}{1 \cdot 2 \cdot 3 \cdot 4 \cdot 5 \cdot 6 \cdot 7 \cdot q^7} - \&c.$$

$$E_{h,9} = -\frac{1^{h/1}}{p^h} \frac{\left\{\begin{array}{l} 4 \cdot 2 \cdot 3 \cdot p^3 q^3 (pq + h - 4) \\ \quad + 10 \cdot 2 \cdot p^2 q^2 (p^3 q^3 + (h-3)\cdot 3p^2 q^2 + \text{etc.}) \\ \quad + 6pq(p^5 q^5 + (h-2)\cdot 5p^4 q^4 + \text{etc.}) \\ \quad + (p^7 q^7 + \text{etc.}) \end{array}\right\}}{1 \cdot 2 \cdot 3 \cdot 4 \cdot 5 \cdot 6 \cdot 7 \cdot 8 \cdot q^8} + \&c.$$

d'où l'on pourra juger de l'acte de progression dans le premier terme : donc on aura en général

$$\begin{aligned} E_{h,k+1} = {} & \frac{A_h}{1^{k/1}(-q)^k} \sum_1^k 1^{k-m/1} \binom{h}{k-m}\binom{k}{m}(pq)^m \\ & + \frac{1}{p^h(-q)^k}\frac{1^{h/1}}{1^{k/1}}\Bigg[\sum_1^k 1^{k-m/1}\binom{h-1}{k-m}\binom{k-1}{m-1}(pq)^{m-1} \\ & \quad + \binom{k-2}{1}pq \sum_3^k 1^{k-m/1}\binom{h-2}{k-m}\binom{k-3}{m-3}(pq)^{m-3} \\ & \quad + \binom{k-3}{2}1^{2/1}p^2 q^2 \sum_5^k 1^{k-m/1}\binom{h-3}{k-m}\binom{k-5}{m-5}(pq)^{m-5} \\ & \quad + \binom{k-4}{3}1^{3/1}p^3 q^3 \sum_7^k 1^{k-m/1}\binom{h-4}{k-m}\binom{k-7}{m-7}(pq)^{m-7} + \&c.\Bigg] \end{aligned} \qquad (6)$$

où les coefficients du binôme ne valent que pour des valeurs positives de $k\text{–}l$: celles, où $k < l$, étant nulles.

$$F_{h,k+1} = \frac{1}{1^{k/1}} \sum_0^k 1^{k-m/1}\binom{h}{k-m}\binom{k}{m}(p)^m B_{h-k+m}, \qquad (7)$$

$$\mathrm{F}_{h,k+1} = \frac{\mathrm{B}_h}{1^{k/1}\,q^k} \sum_{1}^{k} 1^{k-m/1} \binom{h}{k-m}\binom{k}{m}(-pq)^m$$

$$+ \frac{1}{p^h q^k}\frac{1^{h/1}}{1^{k/1}}\left[\sum_{1}^{k} 1^{k-m/1}\binom{h-1}{k-m}\binom{k-1}{m-1}(-pq)^{m-1}\right.$$

$$-\binom{k-2}{1}pq\sum_{3}^{k} 1^{k-m/1}\binom{h-2}{k-m}\binom{k-3}{m-3}(-pq)^{m-3}$$

$$\left.+\binom{k-3}{2}1^{2/1}p^2q^2\sum_{5}^{k} 1^{k-m/1}\binom{h-3}{k-m}\binom{k-5}{m-5}(-pq)^{m-5} - \&c.\right]. \qquad (8)$$

En effet, on voit que les formules (6), (8) ne sont pas aussi simples que (5), (7), mais en révanche, elles ne contiennent que le seul A_h ou B_h, qui se substitue aisément des formules (1) et (2).

6. Passons aux intégrales, dont le dénominateur est de la forme $(x^2 - q^2)^k$. L'équation de réduction

$$\int_0^\infty \frac{x^{h+2}e^{-px}\,dx}{(x^2-q^2)^{k+1}} = \int_0^\infty \frac{x^h e^{-px}\,dx}{(x^2-q^2)^{k+1}} + q^2 \int_0^\infty \frac{x^h e^{-px}\,dx}{(x^2-q^2)^{k+1}}$$

nous apprend d'abord, que ces intégrales se divisent en deux classes, savoir à exponent h pair ou impair, de telle sorte que les intégrales d'une de ces classes se déterminent à l'aide d'intégrales de la même classe seulement. Les intégrales, que nous avons à étudier, sont donc les suivantes :

$$\int_0^\infty \frac{e^{-px}\,x^{2h}\,dx}{x^2-q^2} = \mathrm{G}_{2h}, \qquad \int_0^\infty \frac{e^{-px}\,dx}{(x^2-q^2)^k} = \mathrm{H}_k, \qquad \int_0^\infty \frac{e^{-px}\,x^{2h}\,dx}{(x^2-q^2)^k} = \mathrm{K}_{h,k},$$

$$\int_0^\infty \frac{e^{-px}x^{2h+1}\,dx}{x^2-q^2} = \mathrm{G}_{2h+1}, \qquad \int_0^\infty \frac{e^{-px}x\,dx}{(x^2-q^2)^k} = \mathrm{I}_k, \qquad \int_0^\infty \frac{e^{-px}x^{2h+1}\,dx}{(x^2-q^2)^k} = \mathrm{L}_{h,k}.$$

Pour les deux premières on a

$$\int_0^\infty \frac{e^{-px}x^h\,dx}{x^2-q^2} = \int_0^\infty e^{-px}x^{h-2}\,dx + q^2 \int_0^\infty \frac{e^{-px}x^{h-2}\,dx}{x^2-q^2},$$

ou bien

$$\mathrm{G}_{2h} = \frac{1^{2h-2/1}}{p^{2h-1}} + q^2\mathrm{G}_{2h-2}, \qquad \mathrm{G}_{2h+1} = \frac{1^{2h-1/1}}{p^{2h}} + q^2\mathrm{G}_{2h-1}; \qquad (f)$$

ce qui donne en application

$$G_0 = \frac{1}{2q}(b-a), \qquad \text{Voir (VII)} \qquad\qquad G_1 = \tfrac{1}{2}(a+b), \qquad \text{Voir (VIII)}$$

$$G_2 = \frac{1}{p} + \tfrac{1}{2}q(b-a), \qquad\qquad G_3 = \frac{1}{p^2} + \tfrac{1}{2}q^2(a+b),$$

$$G_4 = \frac{1^{2/1}}{p^3} + \frac{q^2}{p} + \tfrac{1}{2}q^3(b-a), \qquad\qquad G_5 = \frac{1^{3/1}}{p^4} + \frac{q^2}{p^2} + \tfrac{1}{2}q^4(a+b),$$

$$G_6 = \frac{1^{h/1}}{p^5} + \frac{1^{2/1}q^2}{p^3} + \frac{q^4}{p} + \tfrac{1}{2}q^5(b-a), \qquad G_7 = \frac{1^{5/1}}{p^6} + \frac{1^{3/1}q^2}{p^4} + \frac{q^4}{p^2} + \tfrac{1}{2}q^6(a+b);$$

donc en général

$$G_{2h} = \tfrac{1}{2}q^{2h-1}(b-a) + \frac{1}{p^{2h-1}}\sum_1^h 1^{2h-2n/1}\ (p^2q^2)^{n-1}, \tag{9}$$

$$G_{2h+1} = \tfrac{1}{2}q^{2h}\ (b+a) + \frac{1}{p^{2h}}\ \sum_1^h 1^{2h-2n+1/1}(p^2q^2)^{n-1}, \tag{10}$$

Quant à ces intégrales, on peut rémarquer, qu'on aurait pu les déduire des formules (1) et (2) par les rélations :

$$A_{2h} + B_{2h} = 2G_{2h+1}, \qquad B_{2h} - A_{2h} = 2qG_{2h},$$
$$A_{2h-1} + B_{2h-1} = 2G_{2h}, \qquad B_{2h-1} - A_{2h-1} = 2qG_{2h-1};$$

d'où

$$G_{2h} = \frac{1}{2q}\left\{B_{2h} - A_{2h}\right\} = \tfrac{1}{2}\left\{B_{2h-1} + A_{2h-1}\right\},$$

$$G_{2h+1} = \frac{1}{2q}\left\{B_{2h+1} - A_{2h+1}\right\} = \tfrac{1}{2}\left\{B_{2h} + A_{2h}\right\}.$$

7. Pour les deux suivantes H_k et I_k, il faut avoir recours au Théorème I de N°. 3. Comme dans N°. 4, on aura ici

$$\int_0^\infty \frac{e^{-px}}{(x^2-q^2)^k}\,d\cdot x$$
$$= \frac{xe^{-px}}{(x^2-q^2)^k}\Bigg]_0^\infty - \int_0^\infty x\left\{\frac{-pe^{-px}\,dx}{(x^2-q^2)^k} + e^{-px}\frac{-k\cdot 2x\,dx}{(x^2-q^2)^{k+1}}\right\}$$
$$= \frac{xe^{-px}}{(x^2-q^2)^k}\Bigg]_0^\infty + \int_0^\infty e^{-px}\,dx\left\{\frac{px}{(x^2-q^2)^k} + \frac{2k}{(x^2-q^2)^k} + \frac{2kq^2}{(x^2-q^2)^{k+1}}\right\},$$

ou bien

$$(1-2k)\int_0^\infty \frac{e^{-px}\,dx}{(x^2-q^2)^k} = \frac{xe^{-px}}{(x^2-q^2)^k}\Bigg]_0^\infty + \int_0^\infty e^{-px}\,dx\left\{\frac{px}{(x^2-q^2)^k} + \frac{2kq^2}{(x^2-q^2)^{k+1}}\right\};$$

$$\int_0^\infty \frac{xe^{-px}}{(x^2 - q^2)^k}\, dx = \frac{x^2 e^{-px}}{(x^2 - q^2)^k}\Big]_0^\infty - \int_0^\infty x\left\{\frac{-pe^{-px}x + e^{-px}}{(x^2 - q^2)^k}\, dx + xe^{-px}\frac{-k \cdot 2x\, dx}{(x^2 - q^2)^{k+1}}\right\}$$

$$= \frac{x^2 e^{-px}}{(x^2 - q^2)^k}\Big]_0^\infty + \int_0^\infty e^{-px}\, dx\left\{\begin{array}{l}\dfrac{p}{(x^2 - q^2)^{k-1}} + \dfrac{pq^2}{(x^2 - q^2)^k} \\[2mm] + \dfrac{(2k-1)x}{(x^2 - q^2)^k} + \dfrac{2kq^2 x}{(x^2 - q^2)^{k+1}}\end{array}\right\};$$

si l'on voulait prendre $2\int_0^\infty \dfrac{e^{-px}}{(x^2 - q^2)^k}x\, dx = \int_0^\infty \dfrac{e^{-px}}{(x^2 - q^2)^k}\, d\cdot x^2$ ou retrouverait la dernière équation elle-même.

$$-p\int_0^\infty \frac{e^{-px}\, dx}{(x^2 - q^2)^{k-1}} = \int_0^\infty \frac{1}{(x^2 - q^2)^{k-1}}\, d\cdot e^{-px}$$

$$= \frac{e^{-px}}{(x^2 - q^2)^{k-1}}\Big]_0^\infty - \int_0^\infty e^{-px}\frac{-(k-1)2x\, dx}{(x^2 - q^2)^k},$$

$$-p\int_0^\infty \frac{e^{-px}x\, dx}{(x^2 - q^2)^k} = \int_0^\infty \frac{x}{(x^2 - q^2)^k}\, d\cdot e^{-px}$$

$$= \frac{xe^{-px}}{(x^2 - q^2)^k}\Big]_0^\infty - \int_0^\infty e^{-px}\, dx\left\{\frac{1}{(x^2 - q^2)^k} + x\frac{-k \cdot 2x}{(x^2 - q^2)^{k+1}}\right\}$$

$$= \frac{xe^{-px}}{(x^2 - q^2)^k}\Big]_0^\infty + \int_0^\infty e^{-px}\, dx\left\{\frac{2k-1}{(x^2 - q^2)^k} + \frac{2kq^2}{(x^2 - q^2)^{k+1}}\right\},$$

$$-2k\int_0^\infty \frac{e^{-px}x\, dx}{(x^2 - q^2)^{k+1}} = \int_0^\infty e^{-px}\, d\cdot \frac{1}{(x^2 - q^2)^k}$$

$$= \frac{e^{-px}}{(x^2 - q^2)^k}\Big]_0^\infty - \int_0^\infty \frac{1}{(x^2 - q^2)^k}\,(-pe^{-px}\, dx),$$

$$-2k\int_0^\infty \frac{e^{-px}x^2\, dx}{(x^2 - q^2)^{k+1}} = \int_0^\infty xe^{-px}\, d\cdot \frac{1}{(x^2 - q^2)^k}$$

$$= \frac{xe^{-px}}{(x^2 - q^2)^k}\Big]_0^\infty - \int_0^\infty \frac{1}{(x^2 - q^2)^k}\left\{e^{-px} + x\cdot(-pe^{-px})\right\}\, dx,$$

mais aussi

$$\int_0^\infty \frac{e^{-px}x^2\, dx}{(x^2 - q^2)^{k+1}} = q^2\int_0^\infty \frac{e^{-px}\, dx}{(x^2 - q^2)^{k+1}} + \int_0^\infty \frac{e^{-px}\, dx}{(x^2 - q^2)^k}.$$

Dans ces six équations on a des termes intégrés $\dfrac{e^{-px}}{(x^2 - q^2)^a}$ et $\dfrac{x^b e^{-px}}{(x^2 - q^2)^a}$. Pour la limite inférieure $x = 0$, ils deviennent respectivement $\dfrac{1}{(-q^2)^a}$ et 0. Pour la limite supérieure $x = \infty$, le premier est $\dfrac{1}{e^\infty \infty^a} = \dfrac{1}{\infty} = 0$, et le second semble être indéterminé de la forme $\dfrac{\infty^b\,0}{\infty^a}$: mais si on le met sous la forme $\dfrac{x^b}{e^{+px}(x^2-q^2)^a}$, et si l'on différentie le numérateur et le dénominateur de cette fraction, il vient :

$$\frac{bx^{b-1}}{pe^{px}(x^2-q^2)^a + e^{px}a(x^2-q^2)^{a-1}2x} = \frac{bx^{b-1}}{e^{px}(x^2-q^2)^{a-1}\left(px^2+2ax-pq^2\right)}.$$

Le degré du numérateur s'est abaissé d'une unité, celui du dénominateur n'a pas diminué : en réitérant cette différentiation, le numérateur devient à la fin $1^{b/1}$ et alors la fraction a la valeur

$$\frac{1^{b/1}}{e^\infty\cdot\infty^a} = \frac{1^{b/1}}{\infty\cdot\infty} = 0.$$

Ce raisonnement exige que a soit ≥ 0, c'est-à-dire $k \geq 1$.

A présent la première, la quatrième et la sixième des équations trouvées donnent :

$$0 = p\mathrm{I}_k + (2k-1)\mathrm{H}_k + 2kq^2\mathrm{H}_{k+1}; \qquad (g')$$

la seconde donne :

$$p\mathrm{H}_{k-1} + pq^2\mathrm{H}_k + 2(k-1)\mathrm{I}_k + 2kq^2\mathrm{I}_{k+1} = 0;$$

la troisième et la cinquième enfin :

$$\frac{1}{(-q^2)^k} = p\mathrm{H}_k + 2k\mathrm{I}_{k+1}. \qquad (h')$$

Par la substitution de la dernière dans l'avant-dernière de ces formules on obtient une équation identique. Il nous reste donc les deux autres, qui doivent servir réciproquement à éliminer les I ou les H : de sorte que nous trouvons

$$4q^2\cdot k\cdot(k-1)\cdot\mathrm{H}_{k+1} = \frac{-p}{(-q^2)^{k+1}} - 2\cdot(k-1)\cdot(2k-1)\cdot\mathrm{H}_k + p^2\mathrm{H}_{k-1}, \qquad (g)$$

$$4q^2\cdot k\cdot(k-1)\cdot\mathrm{I}_{k+1} = \frac{-1}{(-q^2)^{k+1}} - 2\cdot(k-1)\cdot(2k-3)\cdot\mathrm{I}_k + p^2\mathrm{I}_{k-1}. \qquad (h)$$

Or, nous avons

$$\mathrm{H}_0 = \frac{1}{p}, \qquad \mathrm{H}_1 = \frac{b-a}{2q}, \qquad \mathrm{I}_0 = \frac{1}{p^2}, \qquad \mathrm{I}_1 = \frac{a+b}{2}.$$

Donc il nous faut encore H_2 et I_2 pour pouvoir faire usage des formules (g) et (h), qui valent seulement pour $k \geq 1$. Les formules (g') et (h') nous aideront ici en donnant pour $k = 1$:

$$-2q^2\mathrm{H}_2 = 1\cdot\mathrm{H}_1 + p\mathrm{I}_1 = \frac{b-a}{2q} + \frac{a+b}{2}p,$$

$$-2\mathrm{I}_2 = \frac{1}{(-q^2)^1} + p\mathrm{H}_1 = \frac{-1}{q^2} + \frac{b-a}{2a}p;$$

donc

$$\mathrm{H}_2 = \frac{b-a}{2q} \frac{1}{2(-q^2)} + \frac{a+b}{2(-q^2)} \frac{p}{2}, \qquad \mathrm{I}_2 = -\frac{1}{2(-q^2)} - \frac{b-a}{2q} \frac{p}{2}.$$

Le calcul de (g) et (h) nous donne à présent successivement :

$$\mathrm{H}_3 = \frac{1}{4(-q^2)^2} \left\{ p + \frac{p^2q^2+3}{(-q^2)} \frac{b-a}{2q} + 3p(a+b) \right\},$$

$$\mathrm{H}_4 = \frac{1}{24(-q^2)^3} \left\{ 6p + \frac{6p^2q^2+30}{(-q^2)} \frac{b-a}{2q} + (p^2q^2+15)p(a+b) \right\},$$

$$\mathrm{H}_5 = \frac{1}{96(-q^2)^4} \left\{ p(p^2q^2+88) + \frac{p^4q^4+45p^2q^2+210}{(-q^2)} \frac{b-a}{2q} (10p^2q^2+105)p(a+b) \right\},$$

$$\cdots\cdots\cdots\cdots\cdots\cdots\cdots\cdots\cdots\cdots\cdots\cdots\cdots\cdots\cdots$$

$$\mathrm{I}_3 = \frac{1}{2(-q^2)} \left\{ \frac{2}{(-q^2)} - p^2\frac{(a+b)}{2} + p\frac{b-a}{2q} \right\},$$

$$\mathrm{I}_4 = \frac{1}{12(-q^2)^2} \left\{ \frac{p^2q^2+26}{-q^2} - 6p^2\frac{a+b}{2} - (p^2q^2-12)p\frac{b-a}{2q} \right\}$$

$$\cdots\cdots\cdots\cdots\cdots\cdots\cdots\cdots\cdots\cdots\cdots\cdots\cdots\cdots\cdots$$

Vu la complication des formules (g) et (h), l'on ne pourra mettre la valeur générale de H_k et I_k sous une forme assez simple pour pouvoir en faire usage.

8. Le Théorème I du N°. 3 nous fournira ensuite pour les intégrales K et L les formules suivantes :

$$h \int_0^\infty \frac{e^{-px}x^{h-1}\,dx}{(x^2-q^2)^k} = \int_0^\infty \frac{e^{-px}}{(x^2-q^2)^k} d\cdot x^h$$

$$= \frac{e^{-px}x^h}{(x^2-q^2)^k} \bigg]_0^\infty - \int_0^\infty x^h \left\{ \frac{-pe^{-px}}{(x^2-q^2)^k} + e^{-px}\frac{-k\cdot 2x}{(x^2-q^2)^{k+1}} \right\} dx,$$

$$-p \int_0^\infty \frac{e^{-px}\,x^h\,dx}{(x^2-q^2)^k} = \int_0^\infty \frac{x^h}{(x^2-q^2)^k} d\cdot e^{-px}$$

$$= \frac{e^{-px}x^h}{(x^2-q^2)^k} \bigg]_0^\infty - \int_0^\infty e^{-px} \left\{ \frac{hx^{h-1}}{(x^2-q^2)^k} + x^h\frac{-k\cdot 2x}{(x^2-q^2)^{k+1}} \right\} dx,$$

$$-2k \int_0^\infty \frac{e^{-px}\,x^h\,dx}{(x^2-q^2)^{k+1}} = \int_0^\infty e^{-px}x^h\,d\cdot \frac{1}{(x^2-q^2)^k}$$

$$= \frac{e^{-px}x^h}{(x^2-q^2)^k} \bigg]_0^\infty - \int_0^\infty \frac{1}{(x^2-q^2)^k} \left\{ hx^{h-1}e^{-px} - pe^{-px}x^h \right\} dx.$$

Le terme intégré étant zéro, comme on a vu au numéro précédent, ces trois équations se réduisent à une seule. Mais en vertu de ce que l'on a observé plus haut, il faut distinguer entre le cas où h est pair et est impair. Si l'on met $2h$ et $2h+1$ successivement au lieu de h, on a respectivement :

$$0 = 2h\mathrm{L}_{h-1,k} + 2k\mathrm{L}_{h,k+1} + p\mathrm{K}_{h,k} \quad \text{et} \quad 0 = (2h+1)\mathrm{K}_{h,k} + 2k\mathrm{K}_{h+1,k+1} + p\mathrm{L}_{h,k}. \quad (i')$$

On peut se servir de ces deux équations pour éliminer réciproquement les L ou les K : de cette manière on obtient :

$$\left.\begin{aligned}
0 &= p^2\mathrm{K}_{h,k} + (4h^2 - 4hk - 2h - k) \cdot 2q^2\mathrm{K}_{h,k+2} \\
&\quad - (2h-1) \cdot 2hq^4\mathrm{K}_{h-1,k+2} - 2(k-h)(2k-2h+1)\mathrm{K}_{h+1,k+2}, \\
0 &= p^2\mathrm{L}_{h,k} + (4h^2 - 4hk + 2h - 3k) \cdot 2q^2\mathrm{L}_{h,k+2} \\
&\quad - (2h+1) \cdot 2hq^4\mathrm{L}_{h-1,k+2} - 2(k-h)(2k-2h-1)\mathrm{L}_{h+1,k+2}.
\end{aligned}\right\} \quad (i)$$

Afin de pouvoir en faire usage, il sera plus commode de les ramener au même index partiel. En premier lieu, par exemple, au même k : alors il faut substituer les équations identiques

$$\mathrm{K}_{h,k} = \mathrm{K}_{h+2,k+2} - 2q^2\mathrm{K}_{h+1,k+2} + q^4\mathrm{K}_{h,k+2},$$
$$\mathrm{L}_{h,k} = \mathrm{L}_{h+2,k+2} - 2q^2\mathrm{L}_{h+1,k+2} + q^4\mathrm{L}_{h,k+2};$$

et l'on obtient, en diminuant k de deux unités après la réduction :

$$\left.\begin{aligned}
0 &= p^2\mathrm{K}_{h+1,k} - \left\{p^2q^2 + (k-h-1)(2k-2h-1)\right\} \cdot 2\mathrm{K}_{h,k} \\
&\quad + \left\{p^2q^2 + 2(4h^2 - 4hk - 2h + 3k)\right\}q^2\mathrm{K}_{h-1,k} \\
&\quad - (h-1)(2h-3) \cdot 2q^4\mathrm{K}_{h-2,k}, \\
0 &= p^2\mathrm{L}_{h+1,k} - \left\{p^2q^2 + (k-h-1)(2k-2h-3)\right\} \cdot 2\mathrm{L}_{h,k} \\
&\quad + \left\{p^2q^2 + 2(4h^2 - 4hk + 2h - k)\right\}q^2\mathrm{L}_{h-1,k} \\
&\quad - (h-1)(2h-1) \cdot 2q^4\mathrm{L}_{h-2,k}.
\end{aligned}\right\} \quad (k)$$

Pour $k=1$, on a $\mathrm{K}_{h,1} = \mathrm{G}_{2h}$, $\mathrm{L}_{h,1} = \mathrm{G}_{2h+1}$; on a dans ce cas pour ces formules :

$$\begin{aligned}
0 &= p^2\mathrm{G}_{2h+2} - \left\{p^2q^2 + h(2h-1)\right\} \cdot 2\mathrm{G}_{2h} \\
&\quad + \left\{p^2q^2 + 2(4h^2 - 6h + 3)\right\}q^2\mathrm{G}_{2h-2} \\
&\quad - (h-1)(2h-3) \cdot 2q^4\mathrm{G}_{2h-4}, \\
0 &= p^2\mathrm{G}_{2h+3} - \left\{p^2q^2 + h(2h+1)\right\} \cdot 2\mathrm{G}_{2h+1} \\
&\quad + \left\{p^2q^2 + 2(4h^2 - 2h - 1)\right\}q^2\mathrm{G}_{2h-1} \\
&\quad - (h-1)(2h-1) \cdot 2q^4\mathrm{G}_{2h-3},
\end{aligned}$$

équations, qui sont identiques par la substitution des formules (f), comme il doit être.

Au contraire, l'on pourrait aussi ramener les formules (i) au même index h : dans ce cas on a les substitutions

$$K_{h,k} = K_{h-1,k-1} + q^2 K_{h-1,k}, \qquad\qquad L_{h,k} = L_{h-1,k-1} + q^2 L_{h-1,k},$$
$$K_{h+1,k} = K_{h-1,k-2} + 2q^2 K_{h-1,k-1} + q^4 K_{h-1,k}, \quad L_{h+1,k} = L_{h-1,k-2} + 2q^2 L_{h-1,k-1} + q^4 L_{h-1,k}.$$

A l'aide de ces formules, en diminuant k d'une unité, et en augmentant h d'une unité, après les substitutions diverses, on a enfin :

$$\left.\begin{aligned}
0 = {}&- k(k-1) \cdot 4q^4 K_{h,k+1} + (4h - 4k + 5)(k-1) \cdot 2q^2 K_{h,k} \\
&+ \{p^2 q^2 - 2(k - h - 2)(2k - 2h - 3)\} K_{h,k-1} + p^2 K_{h,k-2}, \\
0 = {}&- k(k-1) \cdot 4q^4 L_{h,k+1} + (4h - 4k + 7)(k-1) \cdot 2q^2 L_{h,k} \\
&+ \{p^2 q^2 - 2(k - h - 2)(2k - 2h - 5)\} L_{h,k-1} + p^2 L_{h,k-2}.
\end{aligned}\right\} \qquad (l)$$

Pour $h = 0$, on a $K_{0,k} = H_k$, $L_{0,k} = I_k$: donc ces formules donnent :

$$0 = - k(k-1) \cdot 4q^4 H_{k+1} - (4k - 5)(k-1) \cdot 2q^2 H_k + \{p^2 q^2 - 2(k-2)(2k-3)\} H_{k-1} + p^2 H_{k-2},$$
$$0 = - k(k-1) \cdot 4q^4 I_{k+1} - (4k - 7)(k-1) \cdot 2q^2 I_k + \{p^2 q^2 - 2(k-2)(2k-5)\} I_{k-1} + p^2 I_{k-2}.$$

Ces derniers résultats doivent être identiques avec les formules (g) et (h) ; en effet la substitution de ces dernières en démontre la vérité.

Si les formules (g) et (h) étaient déjà trop compliquées pour se traduire en expression générale, simple, à plus forte raison ces formules (i), (h) ou (l) ne permettent pas de chercher un tel résultat. Néanmoins elles sont propres à déduire dans chaque cas spécial, pour des valeurs données de h et k, une intégrale $K_{h,k}$ ou $L_{h,k}$, soit par les formules (g) et (h), soit par les équations (9) et (10) en faisant usage respectivement des équations (k) ou (l) : la dernière voie sera bien la plus aisée à suivre.

9. Quant aux intégrales au dénominateur $(x^2 + q^2)^k$, leurs valeurs et les formules de réduction respectives se déduisent de la même manière, que pour les précédentes, dont on s'est occupé dans les trois derniers numéros. Pour celles-ci, si l'on met :

$$\int_0^\infty \frac{e^{-px}\, x^{2h}\, dx}{x^2 + q^2} = M_{2h}, \qquad \int_0^\infty \frac{e^{-px}\, dx}{(x^2 + q^2)^k} = N_k, \qquad \int_0^\infty \frac{e^{-px}\, x^{2h}\, dx}{(x^2 + q^2)^k} = P_{h,k},$$
$$\int_0^\infty \frac{e^{-px} x^{2h+1}\, dx}{x^2 + q^2} = M_{2h+1}, \qquad \int_0^\infty \frac{e^{-px} x\, dx}{(x^2 + q^2)^k} = O_k, \qquad \int_0^\infty \frac{e^{-px} x^{2h+1}\, dx}{(x^2 + q^2)^k} = Q_{h,k},$$

on trouve, en ayant égard aux formules (III) et (IV), savoir $M_0 = \dfrac{1}{q}c$ et $M_1 = d$, au lieu des formules (9) et (10) les suivantes :

$$\left.\begin{aligned}
M_{2h} &= (-1)^h cq^{2h-1} + \frac{1}{p^{2h-1}} \sum_1^h 1^{2h-2n/1} \quad (-p^2q^2)^{n-1}, \\
M_{2h+1} &= (-1)^h dq^{2h} \quad + \frac{1}{p^{2h}} \quad \sum_1^h 1^{2h-2n+1/1}(-p^2q^2)^{n-1}.
\end{aligned}\right\} \tag{11}$$

De la même manière les formules (g) et (h) deviennent ici :

$$\left.\begin{aligned}
4q^2 \cdot k(k-1)N_{k+1} &= \frac{p}{q^{2k-2}} + 2(k-1)(2k-1)N_k - p^2 N_{k-1}, \\
4q^2 \cdot k(k-1)O_{k+1} &= \frac{1}{q^{2k-1}} + 2(k-1)(2k-3)O_k - p^2 O_{k-1},
\end{aligned}\right\} \tag{m}$$

avec les cas spéciaux :

$$N_0 = \frac{1}{p} \qquad \text{Voir (V),} \qquad\qquad O_0 = \frac{1}{p^2} \qquad \text{Voir (VI),}$$

$$N_1 = \frac{1}{q}c \qquad \text{Voir (III),} \qquad\qquad O_1 = d \qquad \text{Voir (IV),}$$

$$N_2 = \frac{1}{2q^2}(1N_1 - pO_1) = \frac{1}{2q^2}\left(\frac{1}{q}c - pd\right), \quad O_2 = -\tfrac{1}{2}\left(\frac{-1}{q^2} + pN_1\right) = \tfrac{1}{2}\left(\frac{1}{q^2} - \frac{p}{q}c\right),$$

$$\text{etc.} \qquad\qquad\qquad\qquad\qquad\qquad \text{etc.}$$

tandis qu'au lieu des équations de réduction (i), (k) et (l), il faut mettre respectivement les suivantes :

$$\left.\begin{aligned}
0 &= p^2 P_{h,k} - (4h^2 - 4hk - 2h - k) \cdot 2q^2 P_{h,k+2} \\
  &\quad - (2h-1) \cdot 2hq^4 P_{h-1,k+2} \\
  &\quad - 2(k-h)(2k-2h+1)P_{h+1,k+2}, \\
0 &= p^2 Q_{h,k} - (4h^2 - 4hk + 2h - 3k) \cdot 2q^2 Q_{h,k+2} \\
  &\quad - (2h+1) \cdot 2hq^4 Q_{h-1,k+2} \\
  &\quad - 2(k-h)(2k-2h-1)Q_{h+1,k+2},
\end{aligned}\right\} \tag{n}$$

$$\left.\begin{aligned}
0 &= p^2 P_{h+1,k} + \left\{p^2q^2 - (k-h-1)(2k-2h-1)\right\} \cdot 2P_{h,k} \\
  &\quad + \left\{p^2q^2 - 2(4h^2 - 4hk - 2h - 3k)\right\} q^2 P_{h-1,k} \\
  &\quad - (h-1)(2h-3) \cdot 2q^4 P_{h-2,k}, \\
0 &= p^2 Q_{h+1,k} + \left\{p^2q^2 - (k-h-1)(2k-2h-3)\right\} \cdot 2Q_{h,k} \\
  &\quad + \left\{p^2q^2 - 2(4h^2 - 4hk + 2h - k)\right\} q^2 Q_{h-1,k} \\
  &\quad - (h-1)(2h-1) \cdot 2q^4 Q_{h-2,k},
\end{aligned}\right\} \tag{o}$$

$$\left.\begin{aligned}
0 &= k(k-1)\cdot 4q^4 \mathrm{P}_{h,k+1} + (4h-4k+5)(h-1)\cdot 2q^2 \mathrm{P}_{h,k}\\
&\quad + \left\{p^2q^2 + 2(k-h-2)(2k-2h-3)\right\}\mathrm{P}_{h,k-1}\\
&\quad - p^2 \mathrm{P}_{h,k-2},\\
0 &= k(k-1)\cdot 4q^4 \mathrm{Q}_{h,k+1} + (4h-4k+7)(h-1)\cdot 2q^2 \mathrm{Q}_{h,k}\\
&\quad + \left\{p^2q^2 + 2(k-h-2)(2k-2h-5)\right\}\mathrm{Q}_{h,k-1}\\
&\quad - p^2 \mathrm{Q}_{h,k-2}.
\end{aligned}\right\} \qquad (p)$$

L'emploi de ces formules est restreint tout comme celui des formules analogues (i), (k) et (l) : c'est-à-dire, qu'elles peuvent fournir aisément des résultats pour chaque cas spécial, sans toutefois être susceptibles de pouvoir donner une valeur simple pour les intégrales générales N_k, O_k, $\mathrm{P}_{h,k}$, $\mathrm{Q}_{h,k}$.

10. Puisque nous connaissons à présent les intégrales à dénominateur $(x^2-q^2)^k$ et $(x^2+q^2)^k$, dont on a traité respectivement dans les N°. 6 à 8 et 9, nous pourrions en déduire les intégrales de même forme, mais à dénominateur $(x^4-q^4)^k$. L'équation de réduction

$$\int_0^\infty \frac{e^{-px}x^{h-4}\,dx}{(x^4-q^4)^k} = \int_0^\infty \frac{e^{-px}x^h\,dx}{(x^4-q^4)^{k+1}} - q^4\int_0^\infty \frac{e^{-px}x^{h-4}\,dx}{(x^4-q^4)^{k+1}}$$

nous montre d'abord, que nous avons à distinguer ici entre quatre classes d'intégrales, où les valeurs de h sont respectivement de la forme

$$4h, \qquad 4h+1, \qquad 4h+2, \qquad 4h+3.$$

En effet, si l'on nomme l'intégrale

$$\int_0^\infty \frac{e^{-px}x^h\,dx}{x^4-q^4} = \mathrm{R}_h,$$

l'équation précédente mène aisément par le chemin du Numéro 2 aux formules suivantes :

$$\left.\begin{aligned}
\mathrm{R}_{4h} &= \frac{1^{4h-4/1}}{p^{4h-3}} + q^4\mathrm{R}_{4h-4} = q^{4h}\mathrm{R}_0 + \frac{1}{p^{4h-3}}\sum_1^h 1^{4h-4n/1}(p^4q^4)^{n-1},\\
\mathrm{R}_{4h+1} &= \frac{1^{4h-3/1}}{p^{4h-2}} + q^4\mathrm{R}_{4h-3} = q^{4h}\mathrm{R}_1 + \frac{1}{p^{4h-2}}\sum_1^h 1^{4h-4n+1/1}(p^4q^4)^{n-1},\\
\mathrm{R}_{4h+2} &= \frac{1^{4h-2/1}}{p^{4h-1}} + q^4\mathrm{R}_{4h-2} = q^{4h}\mathrm{R}_2 + \frac{1}{p^{4h-1}}\sum_1^h 1^{4h-4n+2/1}(p^4q^4)^{n-1},\\
\mathrm{R}_{4h+3} &= \frac{1^{4h-1/1}}{p^{4h}} + q^4\mathrm{R}_{4h-1} = q^{4h}\mathrm{R}_3 + \frac{1}{p^{4h}}\sum_1^h 1^{4h-4n+3/1}(p^4q^4)^{n-1}.
\end{aligned}\right\} \qquad (q)$$

Ces formules font voir qu'il y a vraiment quatre classes distinctes et indépendantes, et que pour la connaissance de ces intégrales générales il nous faut auparavant la valeur des intégrales spéciales R_0, R_1, R_2, R_3. On peut observer ici, que ces mêmes formules résulteraient soit de l'addition, soit de la soustraction des équations (9), (10) et (11) : remarque analogue à celle faite à la fin du N°. 6, et qui donnerait des formules de réduction tout-à-fait semblables à celles, que l'on a trouvées là.

Quant aux intégrales nécessaires R_0, R_1, R_2, R_3, la soustraction et l'addition des formules (III) et (VII) nous fournissent :

$$\left.\begin{array}{ll} R_0 = \dfrac{1}{4q^3}(b - a - 2c), & R_2 = \dfrac{1}{4q}(b - a + 2c), \\[2mm] \text{comme celles des formules (IV) et (VIII) les suivantes :} & \\[2mm] R_1 = \dfrac{1}{4q^2}(b + a - 2d), & R_3 = \dfrac{1}{4}(b + a + 2d). \end{array}\right\} \tag{12}$$

On a donc enfin :

$$\left.\begin{array}{l} R_{4h} = \dfrac{-a + b - 2c}{4}q^{4h-3} + \dfrac{1}{p^{4h-3}}\sum_1^h 1^{4h-4n/1}\ (p^4 q^4)^{n-1}, \\[3mm] R_{4h+1} = \dfrac{a + b - 2d}{4}q^{4h-2} + \dfrac{1}{p^{4h-2}}\sum_1^h 1^{4h-4n+1/1}(p^4 q^4)^{n-1}, \\[3mm] R_{4h+2} = \dfrac{-a + b + 2c}{4}q^{4h-1} + \dfrac{1}{p^{4h-1}}\sum_1^h 1^{4h-4n+2/1}(p^4 q^4)^{n-1}, \\[3mm] R_{4h+3} = \dfrac{a + b + 2d}{4}q^{4h} + \dfrac{1}{p^{4h}}\sum_1^h 1^{4h-4n+3/1}(p^4 q^4)^{n-1}. \end{array}\right\} \tag{13}$$

Suivent les intégrales

$$\int_0^\infty \frac{e^{-px}\,dx}{(x^4 - q^4)^k} = S_k, \quad \int_0^\infty \frac{e^{-px}x\,dx}{(x^4 - q^4)^k} = T_k, \quad \int_0^\infty \frac{e^{-px}x^2\,dx}{(x^4 - q^4)^k} = U_k, \quad \int_0^\infty \frac{e^{-px}x^3\,dx}{(x^4 - q^4)^k} = V_k,$$

qui sont toutes distinctes par la même cause, qui fournissait les quatre valeurs des R, c'est-à-dire, que les exposants h des quatre formes mentionnées précédemment ne peuvent se réduire l'un à l'autre, mais qu'ils sont tout-à-fait indépendants.

Commençons à y appliquer le Théorème du N°. 3, afin d'obtenir des formules, qui pourront servir à la réduction successive et indépendante de ces quatre séries d'intégrales, et prenons à cette fin pour $f(x)$ successivement x, x^2, x^3, x^4, ou e^{-px}, ou encore $(x^4 - q^4)^{-k}$, tout comme nous avons fait auparavant, lorsque nous avions à étudier les intégrales à dénominateur $(x \pm q)^k$ etc.

La première supposition nous donne

$$\int_0^\infty \frac{e^{-px}\,dx}{(x^4-q^4)^k} = \frac{xe^{-px}}{(x^4-q^4)^k}\bigg]_0^\infty - \int_0^\infty x\left\{\frac{-pe^{-px}}{(x^4-q^4)^k} + e^{-px}\frac{-k\cdot 4x^3}{(x^4-q^4)^{k+1}}\right\}dx$$

$$= \frac{xe^{-px}}{(x^4-q^4)^k}\bigg]_0^\infty + \int_0^\infty e^{-px}\,dx\left\{\frac{px}{(x^4-q^4)^k} + \frac{4k}{(x^4-q^4)^k} + \frac{4kq^4}{(x^4-q^4)^{k+1}}\right\};$$

et de même

$$2\int_0^\infty \frac{e^{-px}x\,dx}{(x^4-q^4)^k} = \frac{x^2e^{-px}}{(x^4-q^4)^k}\bigg]_0^\infty + \int_0^\infty e^{-px}\,dx\left\{\frac{px^2}{(x^4-q^4)^k} + \frac{4kx}{(x^4-q^4)^k} + \frac{4kq^4x}{(x^4-q^4)^{k+1}}\right\},$$

$$3\int_0^\infty \frac{e^{-px}x^2\,dx}{(x^4-q^4)^k} = \frac{x^3e^{-px}}{(x^4-q^4)^k}\bigg]_0^\infty + \int_0^\infty e^{-px}\,dx\left\{\frac{px^3}{(x^4-q^4)^k} + \frac{4kx^2}{(x^4-q^4)^k} + \frac{4kq^4x^2}{(x^4-q^4)^{k+1}}\right\},$$

$$4\int_0^\infty \frac{e^{-px}x^3\,dx}{(x^4-q^4)^k} = \frac{x^4e^{-px}}{(x^4-q^4)^k}\bigg]_0^\infty + \int_0^\infty e^{-px}\,dx\left\{\frac{p}{(x^4-q^4)^{k-1}} + \frac{pq^4}{(x^4-q^4)^k} + \frac{4kx^3}{(x^4-q^4)^k} + \frac{4kq^4x^3}{(x^4-q^4)^{k+1}}\right\},$$

ce qui revient à écrire — à cause de la valeur zéro qu'obtient le terme intégré d'après le même raisonnement que dans le N°. 7 —

$$\left.\begin{aligned}
S_k &= pT_k + 4kS_k + 4kq^4S_{k+1}, & \text{ou } 0 &= pT_k + (4k-1)S_k + 4kq^4S_{k+1},\\
2T_k &= pU_k + 4kT_k + 4kq^4T_{k+1}, & \text{ou } 0 &= pU_k + (4k-2)T_k + 4kq^4T_{k+1},\\
3U_k &= pV_k + 4kU_k + 4kq^4U_{k+1}, & \text{ou } 0 &= pV_k + (4k-3)U_k + 4kq^4U_{k+1},\\
4V_k &= pS_{k-1} + pq^4S_k & \text{ou } 0 &= pS_{k-1} + pq^4S_k\\
&\quad + 4kV_k + 4kq^4V_{k+1}, & &\quad + (4k-4)V_k + 4kq^4V_{k+1}.
\end{aligned}\right\} \quad (r')$$

Encore a-t-on par la deuxième supposition pour $f(x)$:

$$-p\int_0^\infty \frac{e^{-px}\,dx}{(x^4-q^4)^k} = \frac{e^{-px}}{(x^4-q^4)^k}\bigg]_0^\infty - \int_0^\infty e^{-px}\frac{-k\cdot 4x^3\,dx}{(x^4-q^4)^{k+1}},$$

$$-p\int_0^\infty \frac{e^{-px}x\,dx}{(x^4-q^4)^k} = \frac{e^{-px}x}{(x^4-q^4)^k}\bigg]_0^\infty - \int_0^\infty e^{-px}\left\{\frac{1}{(x^4-q^4)^k} + x\frac{-k\cdot 4x^3}{(x^4-q^4)^{k+1}}\right\}dx$$

$$= \frac{e^{-px}x}{(x^4-q^4)^k}\bigg]_0^\infty + \int_0^\infty e^{-px}\,dx\left\{\frac{4k-1}{(x^4-q^4)^k} + \frac{4kq^4}{(x^4-q^4)^{k+1}}\right\},$$

$$-p\int_0^\infty \frac{e^{-px}x^2\,dx}{(x^4-q^4)^k} = \frac{e^{-px}x^2}{(x^4-q^4)^k}\bigg]_0^\infty - \int_0^\infty e^{-px}\left\{\frac{2x}{(x^4-q^4)^k} + x^2\frac{-k\cdot 4x^3}{(x^4-q^4)^{k+1}}\right\}dx$$

$$= \frac{e^{-px}x^2}{(x^4-q^4)^k}\bigg]_0^\infty + \int_0^\infty e^{-px}\,dx\left\{\frac{(4k-2)x}{(x^4-q^4)^k} + \frac{4kq^4x}{(x^4-q^4)^{k+1}}\right\},$$

$$-p \int_0^\infty \frac{e^{-px} x^3 \, dx}{(x^4 - q^4)^k} = \frac{e^{-px} x^3}{(x^4 - q^4)^k} \Big]_0^\infty - \int_0^\infty e^{-px} \left\{ \frac{3x^2}{(x^4 - q^4)^k} + x^3 \frac{-k \cdot 4x^3}{(x^4 - q^4)^{k+1}} \right\} dx$$

$$= \frac{e^{-px} x^3}{(x^4 - q^4)^k} \Big]_0^\infty + \int_0^\infty e^{-px} \, dx \left\{ \frac{(4k - 3)x^2}{(x^4 - q^4)^k} + \frac{4kq^4 x^2}{(x^4 - q^4)^{k+1}} \right\}.$$

Or pour la première de ces quatre équations, le terme intégré devient $\dfrac{1}{(-q^4)^k}$ pour la limite inférieure 0 de x, tandis qu'il devient pour la limite supérieure $x = \infty$, $\dfrac{1}{\infty \cdot \infty^k} = 0$: donc cette équation donne

$$-pS_k = -\frac{1}{(-q^4)^k} + 4kV_k; \qquad (r'')$$

tandis que les trois équations suivantes sont absolument les mêmes que les trois premières de celles, que l'on a trouvées en premier lieu : et cela parceque les termes intégrés s'annulent ici par la même raison, qui avait lieu là.

Enfin on obtient par la troisième supposition :

$$-4k \int_0^\infty \frac{e^{-px} x^3 \, dx}{(x^4 - q^4)^{k+1}} = \frac{e^{-px}}{(x^4 - q^4)^k} \Big]_0^\infty - \int_0^\infty \frac{1}{(x^4 - q^4)^k}(-pe^{-px} \, dx),$$

$$-4k \int_0^\infty \frac{e^{-px} x^4 \, dx}{(x^4 - q^4)^{k+1}} = \frac{e^{-px} x}{(x^4 - q^4)^k} \Big]_0^\infty - \int_0^\infty \frac{1}{(x^4 - q^4)^k} \left\{ -pe^{-px} x + e^{-px} \right\} dx,$$

$$-4k \int_0^\infty \frac{e^{-px} x^5 \, dx}{(x^4 - q^4)^{k+1}} = \frac{e^{-px} x^2}{(x^4 - q^4)^k} \Big]_0^\infty - \int_0^\infty \frac{1}{(x^4 - q^4)^k} \left\{ -pe^{-px} x^2 + 2xe^{-px} \right\} dx,$$

$$-4k \int_0^\infty \frac{e^{-px} x^6 \, dx}{(x^4 - q^4)^{k+1}} = \frac{e^{-px} x^3}{(x^4 - q^4)^k} \Big]_0^\infty - \int_0^\infty \frac{1}{(x^4 - q^4)^k} \left\{ -pe^{-px} x^3 + 3x^2 e^{-px} \right\} dx.$$

En observant que d'un autre côté, on a identiquement :

$$\int_0^\infty \frac{e^{-px} x^4 \, dx}{(x^4 - q^4)^{k+1}} = \int_0^\infty \frac{e^{-px} \, dx}{(x^4 - q^4)^k} + q^4 \int_0^\infty \frac{e^{-px} \, dx}{(x^4 - q^4)^{k+1}},$$

$$\int_0^\infty \frac{e^{-px} x^5 \, dx}{(x^4 - q^4)^{k+1}} = \int_0^\infty \frac{e^{-px} x \, dx}{(x^4 - q^4)^k} + q^4 \int_0^\infty \frac{e^{-px} x \, dx}{(x^4 - q^4)^{k+1}},$$

$$\int_0^\infty \frac{e^{-px} x^6 \, dx}{(x^4 - q^4)^{k+1}} = \int_0^\infty \frac{e^{-px} x^2 \, dx}{(x^4 - q^4)^k} + q^4 \int_0^\infty \frac{e^{-px} x^2 \, dx}{(x^4 - q^4)^{k+1}},$$

on voit facilement que ces quatre formules coincident directement avec les quatre équations précédentes : de sorte que nous avons les cinq équations différentes (r') et (r'') pour chercher des équations de réduction entre les intégrales des quatre classes diverses séparément. Dans ce but substituons la valeur de S_k de (r'') dans la première des équations (r') ; la résultante exprimera T_k en fonction de divers V : substituons cette valeur dans la deuxième de (r'), et l'intégrale U_k se trouve donnée par divers V : enfin éliminons les U entre cette dernière équation et la troisième des (r') : il en résultera une équation de condition entre les V seulement ; et maintenant à l'aide des équations originales, on peut aisément obtenir des formules où l'on ne rencontre que les seules intégrales S, U, ou T. Le résultat sera enfin donné par les formules suivantes :

$$
\begin{aligned}
0 = {}& \frac{6}{(-q^4)^k} - \left\{p^4 - (4k-3)(4k-2)(4k-1)\cdot 4k\right\}V_k \\
& + (16k^2+1)k(k+1)\cdot 48q^4 V_{k+1} \\
& + (2k+1)k(k+1)(k+1)\cdot 384q^8 V_{k+2} \\
& + k(k+1)(k+2)(k+3)\cdot 256q^{12} V_{k+3},
\end{aligned}
$$

$$
\begin{aligned}
0 = {}& \frac{6p}{(-q^4)^k} + \left\{p^4 - (4k-3)(4k-2)(4k-1)\cdot 4k\right\}(4k-3)U_k \\
& + \left\{p^4 - (256k^4 + 144k^3 + 104k^2 + 9k + 3)4\right\}4kq^4 U_{k+1} \\
& - (32k^3 + 76k^2 + 67k + 21)k(k+1)\cdot 192q^8 U_{k+2} \\
& - (16k^2 + 51k + 39)k(k+1)(k+2)\cdot 256q^{12} U_{k+3} \\
& - k(k+1)(k+2)(k+3)^2\cdot 1024q^{16} U_{k+4},
\end{aligned}
$$

$$
\begin{aligned}
0 = {}& \frac{3p^2}{(-q^4)^k} - \left\{p^4 - (4k-3)(4k-2)(4k-1)\cdot 4k\right\}(4k-3)(2k-1)T_k \\
& - \left\{p^4(8k-1) - (640k^5 + 256k^4 + 584k^3 + 64k^2 + 24k + 3)\cdot 8\right\}2kq^4 T_{k+1} \\
& - \left\{p^4 - (640k^4 + 1632k^3 + 2276k^2 + 1239k + 39)4\right\}k(k+1)\cdot 8q^8 T_{k+2} \\
& + (160k^3 + 592k^2 + 723k + 36)k(k+1)(k+2)\cdot 128q^{12} T_{k+3} \\
& + (20k^2 + 77k + 45)k(k+1)(k+2)(k+3)\cdot 512q^{16} T_{k+4} \\
& + k(k+1)(k+2)^2(k+3)^2\cdot 4096q^{20} T_{k+5},
\end{aligned}
$$

$$
\begin{aligned}
0 = {}& \frac{p^3}{(-q^4)^k} - \left\{p^4 - (4k-3)(4k-2)(4k-1)\cdot 4k\right\}S_k \\
& + (16k^2 + 1)k^2\cdot 48q^4 S_{k+1} \\
& + (2k+1)k^2(k+1)\cdot 384q^8 S_{k+2} \\
& + k^2(k+1)(k+2)\cdot 256q^{12} S_{k+3}.
\end{aligned}
$$

$$(s)$$

11. On pourrait encore aller plus loin et déterminer généralement les intégrales de la forme

$$
\int_0^\infty \frac{e^{-px} x^h \, dx}{(x+q)^k (x-q)^l (x^2+q^2)^m},
$$

mais outre que les réductions deviennent de plus en plus compliquées, ces intégrales ne sont plus aussi remarquables que les précédentes. Car, en mettant successivement x au lieu de x^2 et de x^4 — ce qui est évidemment permis, puisque entre les mêmes limites ces fonctions de x, savoir x^2 et x^4, restent continues, et n'ont ni un maximum ni un minimum — les limites de la nouvelle variable x restent les mêmes 0 et ∞. Dès-lors les formules trouvées donneront aussi la valeur des intégrales suivantes :

$$\int_0^\infty \frac{e^{-p\sqrt{x}}x^h\,dx}{x-q^2} = 2\mathrm{G}_{2h+1}, \qquad \int_0^\infty \frac{e^{-p\sqrt{x}}x^h\,dx}{x-q^2}\sqrt{x} = 2\mathrm{G}_{2h+2},$$

$$\int_0^\infty \frac{e^{-p\sqrt{x}}\,dx}{(x-q^2)^k} = 2\mathrm{I}_k, \qquad \int_0^\infty \frac{e^{-p\sqrt{x}}\,dx}{(x-q^2)^k}\sqrt{x} = 2\mathrm{H}_{k+1},$$

$$\int_0^\infty \frac{e^{-p\sqrt{x}}x^h\,dx}{(x-q^2)^k} = 2\mathrm{L}_{h,k}, \qquad \int_0^\infty \frac{e^{-p\sqrt{x}}x^h\,dx}{(x-q^2)^k}\sqrt{x} = 2\mathrm{K}_{h+1,k},$$

$$\int_0^\infty \frac{e^{-p\sqrt{x}}x^h\,dx}{x+q^2} = 2\mathrm{M}_{2h+1}, \qquad \int_0^\infty \frac{e^{-p\sqrt{x}}x^h\,dx}{x+q^2}\sqrt{x} = 2\mathrm{M}_{2h+2},$$

$$\int_0^\infty \frac{e^{-p\sqrt{x}}\,dx}{(x+q^2)^k} = 2\mathrm{O}_k, \qquad \int_0^\infty \frac{e^{-p\sqrt{x}}\,dx}{(x+q^2)^k}\sqrt{x} = 2\mathrm{N}_{k+1},$$

$$\int_0^\infty \frac{e^{-p\sqrt{x}}x^h\,dx}{(x+q^2)^k} = 2\mathrm{Q}_{h,k}, \qquad \int_0^\infty \frac{e^{-p\sqrt{x}}x^h\,dx}{(x+q^2)^k}\sqrt{x} = 2\mathrm{P}_{h+1,k},$$

$$\int_0^\infty \frac{e^{-p\sqrt[4]{x}}x^h\,dx}{x-q^4} = 4\mathrm{R}_{4h+3}, \qquad \int_0^\infty \frac{e^{-p\sqrt[4]{x}}x^h\,dx}{x-q^4}\sqrt{x} = 4\mathrm{R}_{4h+5},$$

$$\int_0^\infty \frac{e^{-p\sqrt[4]{x}}\,dx}{(x-q^4)^k} = 4\mathrm{V}_k, \qquad \int_0^\infty \frac{e^{-p\sqrt[4]{x}}\,dx}{(x-q^4)^k}\sqrt{x} = \mathrm{T}_{k+1}.$$

De ces deux séries d'intégrales semblables, la première peut être regardée comme la suite de la série des intégrales (I), (1), (3), (5) et (II), (2), (4), (6) : la différence consiste en ce que l'exponentielle e^{-px} est changée ici en $e^{-p\sqrt{x}}$ et $e^{-p\sqrt[4]{x}}$.

---

12.   Passons à un autre genre d'application du Théorème I, démontré dans le N°. 3. Jusqu' ici nous avions pris pour $f(x)$ soit x^h, soit $(x\pm q)^{-k}$, $(x^2\pm q^2)^{-k}$, soit e^{-px}, et nous avons vu que ces trois suppositions différentes menaient généralement aux mêmes résultats auprès des intégrales étudiées plus haut. Maintenant prenons pour $f(x)$ en premier lieu $\frac{1}{2}l\cdot(q\pm x)^2$ ou $\frac{1}{2}l\cdot(q^2\pm x^2)^2$, forme à laquelle se prêtent les intégrales citées ou trouvées : le résultat sera tout autre que celui qu'on vient d'obtenir, puisque, outre les fonctions algébriques et exponentielles, on devra acquérir un logarithme sous le signe d'intégration définie.

Commençons par les intégrales (I), (1), (3), (6) et (II), (2), (4), (8), dont le dénominateur est respectivement $x + q$ et $x - q$, et voyons d'abord, si l'on peut déterminer la valeur du terme intégré entre les deux limites 0 et ∞. L'expression la plus générale de ce terme est évidemment

$$\frac{e^{-px}x^h l \cdot (q \pm x)^2}{(x \pm q)^k}.$$

Pour la limite $x = 0$, le facteur $e^{-px}l \cdot (q \pm x)^2 \cdot (x \pm q)^{-k}$ est égal à $l \cdot q^2 : (\pm q)^k$: il reste alors le facteur x^h, dont la valeur est zéro pour $h > 0$: pour $h = 0$ au contraire ce facteur n'existe pas ; donc pour ces deux cas le terme en question devient pour la limite inférieure

$$0 \quad \text{ou} \quad l \cdot q^2 : (\pm q)^k, \quad \text{selon que } h > \text{ ou } = 0.$$

Quant à l'autre limite $x = \infty$, il faut agir autrement : là la règle ordinaire pour la détermination de la valeur indéterminée $\dfrac{e^{-\infty}\infty^h l \cdot \infty}{\infty^k}$ donne pour la valeur du terme :

$$\frac{l \cdot (q \pm x)^2}{e^{px}x^{-h}(x \pm q)^k} = \frac{\pm 2 : (q \pm x)}{pe^{px}x^{-h}(x \pm q)^k - hx^{-h-1}e^{px}(x \pm q)^k + k(x \pm q)^{k-1}e^{px}x^{-h}}$$

$$= \frac{2x^{h+1}}{e^{px}\left[(px - h)(x \pm q)^{k+1} + kx(x \pm q)^k\right]}$$

$$= \frac{2x^{h+1}}{e^{px}\left[p(x \pm q)^{k+2} - (pq + h - k)(x \pm q)^{k+1} \mp kq(x \pm q)^k\right]}.$$

Si l'on poursuit la différentiation, on verra que le numérateur se réduit enfin à $1^{h+1/1}$, tandis que le dénominateur garde toujours la forme

$$e^{px}\left[\dots (x \pm q)^{k+2} + \dots\right];$$

donc la fraction est toujours égale à $\dfrac{1^{h+1/1}}{e^{\infty} \cdot \infty} = 0$, sous la condition de $k > -2$: ce qu'il s'agissait de chercher. On voit donc que le terme, déjà intégré, a une valeur zéro dans les intégrales dérivées des équations (1), (2), (6), (8) : tandis que sa valeur pour les intégrales déduites des formules (I), (II), (3) et (4), sera respectivement

$$-l \cdot q^2, \quad -l \cdot q^2, \quad \frac{-l \cdot q^2}{q^k}, \quad \frac{-l \cdot q^2}{(-q)^k}.$$

13. Après ces observations préliminaires le théorème I du N°. 3 donnera tout de suite par les intégrales (I), (II), (1), (2), (3), (4), (6), (8) respectivement :

$$2a = \int_0^\infty e^{-px}\, d\cdot l\cdot (q+x)^2 = -l\cdot q^2 - \int_0^\infty l\cdot (q+x)^2(-pe^{-px}\, dx),$$

$$\therefore \int_0^\infty e^{-px}l\cdot (q+x)^2\, dx = \frac{1}{p}(2a + l\cdot q^2), \tag{14}$$

$$2b = \int_0^\infty e^{-px}\, d\cdot l\cdot (q-x)^2 = -l\cdot q^2 - \int_0^\infty l\cdot (q-x)^2(-pe^{-px}\, dx),$$

$$\therefore \int_0^\infty e^{-px}l\cdot (q-x)^2\, dx = \frac{1}{p}(2b + l\cdot q^2), \tag{15}$$

$$\left.\begin{aligned}
2\mathrm{A}_h &= \int_0^\infty e^{-px}x^h\cdot d\cdot l\cdot (q+x)^2 = \int_0^\infty e^{-px}l\cdot (q+x)^2\{px^h - hx^{h-1}\}\, dx,\\
2\mathrm{B}_h &= \int_0^\infty e^{-px}x^h\cdot d\cdot l\cdot (q-x)^2 = -\int_0^\infty e^{-px}l\cdot (q-x)^2\{px^h - hx^{h-1}\}\, dx,
\end{aligned}\right\} \tag{t'}$$

$$\left.\begin{aligned}
2\mathrm{C}_k &= \int_0^\infty \frac{e^{-px}}{(x+q)^{k-1}}\, d\cdot l\cdot (q+x)^2\\
&= -\frac{l\cdot q^2}{q^{k-1}} - \int_0^\infty l\cdot (q+x)^2\left\{\frac{-pe^{-px}}{(x+q)^{k-1}} + e^{-px}\frac{-(k-1)}{(x+q)^k}\right\}\, dx,\\
2\mathrm{D}_k &= \int_0^\infty \frac{e^{-px}}{(x-q)^{k-1}}\, d\cdot l\cdot (q-x)^2\\
&= -\frac{l\cdot q^2}{(-q)^{k-1}} - \int_0^\infty l\cdot (q-x)^2\left\{\frac{-pe^{-px}}{(x-q)^{k-1}} + e^{-px}\frac{-(k-1)}{(x-q)^k}\right\}\, dx,
\end{aligned}\right\} \tag{u'}$$

$$\left.\begin{aligned}
2\mathrm{E}_{h,k} &= \int_0^\infty \frac{e^{-px}x^h}{(x+q)^{k-1}}\, d\cdot l\cdot (q+x)^2\\
&= -\int_0^\infty l\cdot (q+x)^2\left\{\frac{-pe^{-px}x^h + hx^{h-1}e^{-px}}{(x+q)^{k-1}} + e^{-px}x^h\frac{-(k-1)}{(x+q)^k}\right\}\, dx,\\
2\mathrm{F}_{h,k} &= \int_0^\infty \frac{e^{-px}x^h}{(x-q)^{k-1}}\, d\cdot l\cdot (q-x)^2\\
&= -\int_0^\infty l\cdot (q-x)^2\left\{\frac{-pe^{-px}x^h + hx^{h-1}e^{-px}}{(x-q)^{k-1}} + e^{-px}x^h\frac{-(k-1)}{(x-q)^k}\right\}\, dx.
\end{aligned}\right\} \tag{v'}$$

Les intégrales (t'), (u'), (v') se présentent sous la forme d'une équation de réduction. Tâchons de les ramener à une forme, où la valeur des intégrales soit exprimée généralement. Si nous nommons :

$$\int_0^\infty e^{-px}x^h\, dx\cdot l\cdot (q+x)^2 = \mathrm{A}'_h, \qquad \int_0^\infty e^{-px}x^h\, dx\cdot l\cdot (q-x)^2 = \mathrm{B}'_h,$$

la première des équations (t') donne :

$$pA'_h - hA'_{h-1} = 2A_h \quad \text{ou} \quad p^h A'_h = 2p^{h-1}A_h + hp^{h-1}A'_{h-1}. \tag{t_1}$$

Parceque A'_0 n'est autre chose que l'intégrale (14) et qu'elle est connue par conséquent, on trouve :

$$pA'_1 = 2A_1 + 1A'_0,$$
$$p^2 A'_2 = p \cdot 2A_2 + 2 \cdot 2A_1 + 1 \cdot 2A'_0,$$
$$p^3 A'_3 = p^2 \cdot 3A_3 + 3p \cdot 2A_2 + 2 \cdot 3 \cdot 2A_1 + 1 \cdot 2 \cdot 3A'_0,$$

donc en général

$$p^h A'_h = 1^{h/1}A'_0 + 1^{h/1}\sum_1^h \frac{p^{m-1}}{1^{m/1}}2A_m,$$

ou par la substitution de la valeur de A'_0, tirée de l'équation (14),

$$p^{h+1}A'_h = 1^{h/1}(2a + l \cdot q^2) + 2 \cdot 1^{h/1}\sum_1^h \frac{p^m}{1^{m/1}}A_m. \tag{16}$$

Mais si l'on veut éviter la sommation toujours difficile des diverses intégrales A_h, on peut substituer successivement dans chaque résultat précédent les valeurs de A'_{h-1} trouvées par (t_1), et celles de A_h suivant la formule (1); où l'on peut toujours prendre les intégrales A'_0 et A_1 pour données. Alors on trouvera l'équation :

$$p^h A'_h = 1^{h/1}A'_0 + 2^{h-1/1}2A_1 \sum_0^{h-1} 2^{n/1}(-pq)^n + \frac{2}{p}3^{h-2/1}\sum_0^{h-2}\left\{ \frac{(pq)^n}{3^{n/1}} \sum_0^n \frac{1^{m+1/1}}{(-pq)^m} \right\},$$

donc par la substitution des valeurs connues de A'_0 et de A_1 on obtient enfin :

$$p^{h+1}A'_h = 1^{h/1}(2a + l \cdot q^2) - 2(apq - 1)2^{h-1/1}\sum_0^{h-1} 2^{n/1}(-pq)^n$$
$$+ \frac{2}{p} \cdot 3^{h-2/1}\sum_0^{h-2}\left\{ \frac{(pq)^n}{3^{n/1}} \sum_0^n \frac{1^{m+1/1}}{(-pq)^m} \right\}. \tag{17}$$

De même manière la seconde des équations (t') donnera respectivement, en remarquant qu'ici B'_0 est donnée par l'équation (15) :

$$pB'_h - hB'_{h-1} = 2B_h, \tag{t_2}$$
$$p^{h+1}B'_h = 1^{h/1}(2b + l \cdot q^2) + 2 \cdot 1^{h/1}\sum_1^h \frac{p^m}{1^{m/1}}B_m; \tag{18}$$

d'où par la même méthode que ci-dessus, on trouve :

$$p^{h+1}\mathrm{B}'_h = 1^{h/1}(2b + l \cdot q^2) + 2(bpq + 1)2^{h-1/1} \sum_0^{h-1} 2^{n/1}(pq)^n$$

$$+ 2 \cdot 3^{h-2/1} \sum_0^{h-2} \left\{ \frac{(-pq)^n}{3^{n/1}} \sum_0^h \frac{1^{m+1/1}}{(pq)^m} \right\}. \quad (19)$$

14. Pour les intégrales qui suivent à présent, sav.

$$\int_0^\infty \frac{e^{-px} l \cdot (q+x)^2}{(x+q)^k}\, dx = \mathrm{C}'_k, \qquad \int_0^\infty \frac{e^{-px} l \cdot (q-x)^2}{(x-q)^k}\, dx = \mathrm{D}'_k,$$

la première des équations (u') nous fournit d'abord :

$$(k-1)\mathrm{C}'_k = \frac{l \cdot q^2}{q^{k-1}} + 2\mathrm{C}_k - p\mathrm{C}'_{k-1} \qquad (u_1)$$

formule, qui ne vaut que pour $k > 1$, comme l'on a remarqué au N$^\circ$. 12. Or on a par l'équation (14)

$$\mathrm{C}'_0 = \frac{2a + l \cdot q^2}{p};$$

donc cette formule (u_1) donne dans le cas de $k = 1$:

$$0 \cdot \mathrm{C}'_1 = \frac{l \cdot q^2}{q^0} + 2\mathrm{C}_1 - p\mathrm{C}'_0 = l \cdot q^2 + 2a - p\frac{2a + l \cdot q^2}{p} = 0$$

donc la valeur de C'_1 est indéterminée ici, comme l'on pouvait s'y attendre d'avance, parceque la formule ne vaut plus pour ce cas; j'ai tâché en vain de déterminer l'intégrale C'_1 de quelque autre manière. Par suite de l'équation (u_1) toutes les intégrales C'_k restent indéterminées.

Tout de même nous aurons par la seconde des équations (u') :

$$(k-1)\mathrm{D}'_k = \frac{l \cdot q^2}{(-q)^{k-1}} + 2\mathrm{D}_k - p\mathrm{D}'_{k-1} \qquad (u_2)$$

formule, qui, d'après la valeur de D'_0 connue par l'intégrale (15), ne donne dans la supposition de $k = 1$, pour D_1^0 que $0 : 0$, c'est-à-dire une valeur indéterminée; donc on ne pourra déterminer ici aucune des intégrales D'_k, comme nous l'apprend l'équation (u_2).

Il est clair que les mêmes observations valent des intégrales contenues dans les équations (v') où se trouve la même cause d'indétermination, savoir le facteur $k-1$.

15.   Vient le tour des intégrales à dénominateur $q^2 - x^2$, que l'on pourra transformer par le Théorème I du N°. 3, à l'aide de la supposition $f(x) = \frac{1}{2}l \cdot (q^2 - x^2)^2$. Ce sont les équations (VII), (VIII), (9), (10), (g), (h), (l). D'abord il faut chercher la valeur du terme déjà intégré, dont la forme la plus générale sera :

$$\frac{e^{-px}x^h l \cdot (q^2 - x^2)^2}{(x^2 - q^2)^k}.$$

Le facteur $e^{-px}l \cdot (q^2 - x^2)^2 \cdot (x^2 - q^2)^{-k}$ devient $\dfrac{2l \cdot q^2}{(-q^2)^k}$ pour la limite inférieure 0 de x : l'autre facteur x^h est zéro pour h plus grand que zéro : dans ce cas le terme sera nul ; mais lorsqu'il n'y a pas de facteur x^h, sa valeur reste $2l \cdot q^2 \cdot (-q^2)^{-k}$. Pour la limite supérieure ∞ de x, le terme se présente sous la forme $\dfrac{\infty \cdot 0 \cdot \infty}{\infty^k}$: donc il faut ici appliquer les règles usuelles, comme suit :

$$\frac{l(q^2 - x^2)^2}{e^{-px}x^{-h}(x^2 - q^2)^k}$$

$$= \frac{2 \cdot (-2x) : (q^2 - x^2)}{pe^{px}x^{-h}(x^2 - q^2)^k - hx^{-h-1}e^{px}(x^2 - q^2)^k + k \cdot 2x(x^2 - q^2)^{k-1}e^{px}x^{-h}}$$

$$= \frac{4x^{h+1}}{e^{px}\big[(p - hx)(x^2 - q^2)^{k+1} + 2kx(x^2 - q^2)^k\big]}.$$

Tout comme au N°. 12, la valeur sera nulle, sous la condition de $k \geqq 0$. Le terme intégré devient donc pour la suite des intégrales, suivant que dans la numérateur de la fraction il y a le facteur x^h ou non :

$$0 \quad \text{et} \quad -\frac{2l \cdot q^2}{(-q^2)^k}.$$

Les intégrales (VII) et (VIII) donnent à présent par le Théorème I du N°. 3 :

$$4\int_0^\infty \frac{e^{-px}\,dx}{x^2 - q^2} = \int_0^\infty \frac{e^{-px}}{x}\,d \cdot l \cdot (q^2 - x^2)^2$$

$$= \frac{e^{-px}l \cdot (q^2 - x^2)^2}{x}\bigg]_0^\infty - \int_0^\infty l \cdot (q^2 - x^2)^2 \left\{\frac{-pe^{-px}}{x} + e^{-px}\frac{-1}{x^2}\right\} dx,$$

$$4\int_0^\infty \frac{e^{-px}x\,dx}{x^2 - q^2} = \int_0^\infty e^{-px}\,d \cdot l \cdot (q^2 - x^2)^2$$

$$= e^{-px}l \cdot (q^2 - x^2)^2\bigg]_0^\infty - \int_0^\infty l \cdot (q^2 - x^2)^2(-pe^{-px})\,dx.$$

Pour la première intégrale obtenue ici, le terme intégré ne tombe pas sous la forme étudiée ci-dessus : pour $x = 0$, il sera $\dfrac{e^0 l \cdot q^4}{0} = \infty$; donc ce terme étant infini, cette équation ne peut rien nous apprendre. Pour la seconde, au contraire, le terme déjà intégré est $-2l \cdot q^2$, ce qui donne

$$2(a+b) = -2lq^2 + p \int_0^\infty e^{-px} l \cdot (q^2 - x^2)^2 \, dx,$$

ou bien

$$\int_0^\infty e^{-px} l \cdot (q^2 - x^2)^2 \, dx = \frac{2}{p}(a+b+l \cdot q^2); \tag{20}$$

résultat, qui est une suite nécessaire des équations (14) et (15).

Pour l'application aux formules (9) et (10), nommons l'intégrale

$$\int_0^\infty e^{-px} x^h l \cdot (q^2 - x^2)^2 \, dx = G'_h;$$

elles nous donnent les équations suivantes :

$$4G_{2h} = \int_0^\infty e^{-px} x^{2h-1} \, d \cdot l \cdot (q^2 - x^2)^2$$

$$= e^{-px} x^{2h-1}(l \cdot q^2 - x^2)^2 \Big]_0^\infty$$

$$\qquad - \int_0^\infty l \cdot (q^2 - x^2)^2 \left\{ -pe^{-px} x^{2h-1} + (2h-1)x^{2h-2} e^{-px} \right\}$$

$$= \int_0^\infty e^{-px} l \cdot (q^2 - x^2)^2 \left\{ px^{2h-1} - (2h-1)x^{2h-2} \right\},$$

$$4G_{2h+1} = \int_0^\infty e^{-px} x^{2h} \, d \cdot l \cdot (q^2 - x^2)^2$$

$$= e^{-px} x^{2h} l \cdot (q^2 - x^2)^2 \Big]_0^\infty - \int_0^\infty l \cdot (q^2 - x^2)^2 \left\{ -pe^{-px} x^{2h} + 2hx^{2h-1} e^{-px} \right\}$$

$$= \int_0^\infty e^{-px} l \cdot (q^2 - x^2)^2 \left\{ px^{2h} - 2hx^{2h-1} \right\},$$

parceque les termes déjà intégrés ont une valeur nulle, d'après le raisonnement précédent. On s'assure aisément, qu'ici il n'y a pas occasion de distinguer entre les deux cas de h pair et impair, puisque dans la même formule on rencontre une G' à h pair et une à h impair. De plus, on peut mettre ces équations sous la forme :

$$4G_{2h} = pG'_{2h-1} - (2h-1)G'_{2h-2}, \qquad 4G_{2h+1} = pG'_{2h} - 2hG'_{2h-1},$$

d'où il suit que les deux équations sont identiques et qu'elles peuvent être remplacées par la seule

$$pG'_h = hG'_{h-1} + 4G_{h+1}. \tag{w'}$$

Puisque la valeur de G'_0 revient à celle de l'intégrale (20), on a successivement :

$$pG'_1 = 1 \cdot G'_0 + 4 \cdot G_2,$$
$$p^2 G'_2 = 1 \cdot 2 \cdot G'_0 + 2 \cdot 4 \cdot G_2 + 4 \cdot pG_3,$$
$$p^3 G'_3 = 1 \cdot 2 \cdot 3 \cdot G'_0 + 2 \cdot 3 \cdot 4 \cdot G_2 + 3 \cdot 4 \cdot pG_3 + 4 \cdot p^2 G_4,$$

donc en général

$$p^h G'_h = 1^{h/1} G'_0 + 4 \cdot 1^{h/1} \sum_1^h \frac{p^{m-1}}{1^{m/1}} G_{m+1},$$

ou bien, par la substitution de la valeur (20) au lieu de G'_0,

$$G'_h = \frac{2}{p^{h+1}} 1^{h/1} \left\{ a + b + l \cdot q^2 + 2 \sum_1^h \frac{p^m}{1^{m/1}} G_{m+1} \right\}. \tag{21}$$

Dans ce cas-ci, on peut trouver pour les G'_h, une autre valeur indépendante, assez simple, sans avoir besoin pour cela de recourir aux intégrales G_h. Lorsqu'on substitue pour G'_1, G'_2 etc. leurs valeurs successivement calculées, pour G'_0 la valeur de (20) et pour G_1, G_2, etc., leurs valeurs tirées des formules (9) et (10), on obtient successivement :

$$\tfrac{1}{2} pG'_1 = \frac{1}{p} l \cdot q^2 + \frac{1}{p}(a + b) + q(b - a) + 2\frac{1}{p},$$
$$\tfrac{1}{2} p^2 G'_2 = \frac{1 \cdot 2}{p} l \cdot q^2 + \frac{2 + p^2 q^2}{p}(a + b) + 2q(b - a) + 2\left(\frac{1}{p} + \frac{1}{p}\right),$$
$$\tfrac{1}{2} p^3 G'_3 = \frac{1 \cdot 2 \cdot 3}{p} l \cdot q^2 + \frac{2 \cdot 3 + 3p^2 q^2}{p}(a + b)$$
$$+ (2 \cdot 3 + p^2 q^2)q(b - a) + 2\left\{ 2 \cdot 3\frac{1}{p} + \frac{1 \cdot 2 + p^2 q^2}{p} + 3 \cdot \frac{1}{p} \right\},$$
$$\tfrac{1}{2} p^4 G'_4 = \frac{1 \cdot 2 \cdot 3 \cdot 4}{p} l \cdot q^2 + \frac{2 \cdot 3 \cdot 4 + 3 \cdot 4p^2 q^2 + p^4 q^4}{p}(a + b) + (2 \cdot 3 \cdot 4 + 4p^2 q^2)q(b - a)$$
$$+ 2\left\{ 2 \cdot 3 \cdot 4\frac{1}{p} + 4\frac{1 \cdot 2 + p^2 q^2}{p} + 3 \cdot 4\frac{1}{p} + \frac{1 \cdot 2 \cdot 3 + p^2 q^2}{p} \right\}.$$

L'inspection de la formation des termes fait voir assez aisément — surtout si l'on continue le calcul des G' suivantes, et si l'on fait attention à l'ordre gardé dans le dernier terme, dont 2 est le coefficient, — qu'ici il y a de nouveau différence entre les expressions de G'_h pour h pair et impair : cette différence a sa source dans celle entre les expressions de G_{2h} et G_{2h+1}. On trouvera enfin les valeurs générales :

$$\frac{1}{2}p^{2h+1}G'_{2h} = 1^{2h/1}l \cdot q^2 + 1^{2h/1}a \sum_0^{2h-1} \frac{(-pq)^n}{1^{n/1}} + 1^{2h/1}b \sum_0^{2h-1} \frac{(pq)^n}{1^{n/1}}$$

$$+ 2^{2h-1/1} \sum_1^h \left\{ \frac{1}{1^{2n/1}} \sum_0^{n-1} 1^{2n-2m/1}(p^2q^2)^m \right\}$$

$$+ 3^{2h-2/1} \sum_1^h \left\{ \frac{1}{1^{2n-1/1}} \sum_0^{n-1} 2^{2n-2m-1/1}(p^2q^2)^m \right\}, \quad (22)$$

$$\frac{1}{2}p^{2h+2}G'_{2h+1} = 1^{2h+1/1}l \cdot q^2 + 1^{2h+1/1}a \sum_0^{2h} \frac{(-pq)^n}{1^{n/1}} + 1^{2h+1/1}b \sum_0^{2h} \frac{(pq)^n}{1^{n/1}}$$

$$+ 2^{2h/1} \sum_1^{h+1} \left\{ \frac{1}{1^{2n/1}} \sum_0^{n-1} 1^{2n-2m+1/1}(p^2q^2)^m \right\}$$

$$+ 3^{2h-1/1} \sum_1^h \left\{ \frac{1}{1^{2n/1}} \sum_0^{n-1} 1^{2n-2m/1}(p^2q^2)^m \right\}. \quad (23)$$

L'on voit que la différence entre ces deux expressions se trouve principalement dans les deux dernières sommations, les trois autres termes ne changeant pas de nature.

Quant à la formule (g), elle est dans le même cas que (VII) et par la même raison ne donnerait rien : mais on peut pourtant l'employer à l'aide de l'équation (h), si l'on fait attention à la rélation identique

$$H_{k-1} + q^2 H_k = \int_0^\infty \frac{e^{-px}x^2\,dx}{(x^2-q^2)^k};$$

alors celle-ci, et l'équation (h) nous fourniront pour les intégrales

$$\int_0^\infty \frac{e^{-px}l \cdot (q^2-x^2)^2\,dx}{(x^2-q^2)^k} = H'_k \quad \text{et} \quad \int_0^\infty \frac{e^{-px}l \cdot (q^2-x^2)^2 x\,dx}{(x^2-q^2)^k} = I'_k$$

les formules suivantes :

$$\left. \begin{aligned} 4I_k &= \int_0^\infty \frac{e^{-px}}{(x^2-q^2)^{k-1}} d \cdot l \cdot (q^2-x^2)^2 = \frac{e^{-px}l \cdot (q^2-x^2)^2}{(x^2-q^2)^{k-1}} \Big]_0^\infty \\ &\quad - \int_0^\infty l \cdot (q^2-x^2)^2 \left\{ \frac{-pe^{-px}}{(x^2-q^2)^{k-1}} + e^{-px}\frac{-(k-1)2x}{(x^2-q^2)^k} \right\} dx, \\ 4\{H_{k-1} + q^2 H_k\} & \\ &= \int_0^\infty \frac{xe^{-px}}{(x^2-q^2)^{k-1}} d \cdot l \cdot (q^2-x^2) = \frac{xe^{-px}l \cdot (q^2-x^2)^2}{(x^2-q^2)^{k-1}} \Big]_0^\infty \\ &\quad - \int_0^\infty l \cdot (q^2-x^2)^2 \left\{ \frac{e^{-px}-pe^{-px}x}{(x^2-q^2)^{k-1}} + xe^{-px}\frac{-(k-1)2x}{(x^2-q^2)^k} \right\} dx. \end{aligned} \right\} \quad (x')$$

La valeur des termes intégrés est ici, d'après ce que l'on a dit à ce sujet, $-\dfrac{2lq^2}{(-q^2)^k}$ et 0 respectivement. On a donc les équations :

$$\left.\begin{aligned}
4\mathrm{I}_k &= \frac{2 \cdot lq^2}{(-q^2)^{k-1}} + p\mathrm{H}'_{k-1} + 2(k-1)\mathrm{I}'_k, \\
4(\mathrm{H}_{k-1} + q^2\mathrm{H}_k) &= -\mathrm{H}'_{k-1} + p\mathrm{I}'_{k-1} + 2(k-1)\{\mathrm{H}'_{k-1} + q^2\mathrm{H}'_k\} \\
&= (2k-3)\mathrm{H}'_{k-1} + 2(k-1)q^2\mathrm{H}'_k + p\mathrm{I}'_{k-1}.
\end{aligned}\right\} \qquad (x'')$$

Mais si l'on élimine par la première de ces formules soit les I', soit les H' de la seconde, et que l'on augmente k d'une unité dans le premier résultat, on obtient à l'aide des équations (g') et (h') :

$$4k(k-1)q^2\mathrm{H}'_{k+1} + 2(k-1)(2k-1)\mathrm{H}'_k - p^2\mathrm{H}'_{k-1}$$
$$= 4(4k-3)\mathrm{H}_k + 8(2k-1)q^2\mathrm{H}_{k+1} - \frac{2pl \cdot q^2}{(-q^2)^{k-1}}, \quad (x_1)$$

$$4k(k-1)q^2\mathrm{I}'_{k+1} + 2(k-1)(2k-3)\mathrm{I}'_k - p^2\mathrm{I}'_{k-1}$$
$$= 4(4k-5)\mathrm{I}_k + 8(2k-1)q^2\mathrm{I}_{k+1} - \frac{2l \cdot q^2}{(-q^2)^{k-1}}. \quad (x_2)$$

Dans le cas de $k = 1$, elles donnent bien, comme il doit être :

$$\mathrm{H}'_0 = \frac{2}{p}(a + b + l \cdot q^2), \qquad \text{Voyez (20)}$$
$$\mathrm{I}'_0 = \mathrm{G}'_1 = \frac{2}{p}\{2 + a + b + (b-a)pq + l \cdot q^2\};$$

mais le coefficient de H'_k et de I'_k devient zéro : de même, pour $k = 0$, les coefficients de H'_{k+1} et de I'_{k+1} s'annulent aussi : donc la valeur des intégrales H'_1 et I'_1 ne saurait être tirée des équations (x_1) et (x_2), qui la laissent indéterminée. Donc les H'_k et les I'_k restent indéterminées de même. On aurait pu s'attendre à ce résultat en vertu de ce que l'on a observé à l'égard des équations (u_1) et (u_2).

16. Passons à la transformation d'intégrales à dénominateur $x^2 + q^2$, savoir (III), (IV), (11), (m) et (p). De premier abord nous pouvons exclure les quatre intégrales (m) et (p) de nos recherches, parce qu'elles ne donneraient qu'un résultat indéterminé, d'après ce qu'on a observé au sujet des intégrales précédentes. Encore l'équation (III) est dans le cas de (VII), et ne pourrait offrir qu'une formule indéterminée, où l'un des termes a une valeur infinie. Restent donc les intégrales (IV) et (11).

L'application du Théorème I de N°. 3 donnera ici pour le terme déjà intégré soit $e^{-px}l \cdot (x^2 + q^2)^2$, soit $e^{-px}x^h l \cdot (x^2 + q^2)^2$.

Un raisonnement, tout-à-fait analogue à celui du N°. 15, fera voir que, entre les limites 0 et ∞ de x, la valeur de ces termes est respectivement $-2l.q^2$ et 0. Donc le théorème cité donnera ici immédiatement par l'équation (IV) :

$$4 \int_0^\infty \frac{e^{-px}x\,dx}{x^2 + q^2} = \int_0^\infty e^{-px}\,dl \cdot (x^2 + q^2)^2 = -2l \cdot q^2 - \int_0^\infty l \cdot (q^2 + x^2)^2(-pe^{-px})\,dx,$$

d'où

$$\int_0^\infty e^{-px}l \cdot (q^2 + x^2)^2\,dx = \frac{2}{p}(l \cdot q^2 + 2d). \tag{24}$$

Les équations (11) donnent de plus pour l'intégrale, que nous nommerons :

$$\int_0^\infty e^{-px}x^h l \cdot (q^2 + x^2)^2\,dx = \mathrm{M}'h$$

à l'aide toujours du même Théorème et d'après les observations précédentes sur le terme intégré :

$$4\mathrm{M}_{2h} = \int_0^\infty e^{-px}x^{2h-1}\,d \cdot l \cdot (q^2 + x^2)^2$$
$$= -\int_0^\infty l \cdot (q^2 + x^2)^2 \left\{ -pe^{-px}x^{2h-1} + (2h-1)x^{2h-2}e^{-px} \right\},$$
$$4\mathrm{M}_{2h+1} = \int_0^\infty e^{-px}x^{2h}\,d \cdot l \cdot (q^2 + x^2)^2$$
$$= -\int_0^\infty l \cdot (q^2 + x^2)^2 \left\{ -pe^{-px}x^{2h} + 2hx^{2h-1}e^{-px} \right\}.$$

La distinction entre le cas de h pair et impair s'évanouit ici, parce que dans la même formule on rencontre une M' à h pair et une à h impair ; de plus ces deux équations deviennent alors identiques, et l'on retombe sur la seule :

$$4\mathrm{M}'_h = p\mathrm{M}'_{h-1} - (h-1)\mathrm{M}'_{h-2} \quad \text{ou bien} \quad p\mathrm{M}'_h = h\mathrm{M}'_{h-1} + 4\mathrm{M}'_{h+1} \tag{y'}$$

lorsqu'on augmente le h d'une unité. Puisque M'_0 est donnée par l'équation (24), on trouve par l'application successive de cette formule de réduction (y') enfin l'équation générale

$$p^h \mathrm{M}'_h = 1^{h/1}\mathrm{M}'_0 + 4 \cdot 1^{h/1} \sum_1^h \frac{p^{m-1}}{1^{m/1}}\mathrm{M}_{m+1},$$

ou bien par substitution de la valeur de M'_0,

$$p^{h+1}\mathrm{M}'_h = 2 \cdot 1^{h/1}\left[l \cdot q^2 + 2d + 2\sum_1^h \frac{p^m}{p^{m/1}}\mathrm{M}_{m+1}\right]. \tag{25}$$

Mais lorsqu'on ne veut pas dépendre d'une sommation des diverses intégrales M_h, on peut suivre le même chemin, comme pour les formules (22) et (23) ; on obtiendra alors des formules analogues, où de nouveau l'on doit distinguer entre les cas de h pair et impair :

$$\tfrac{1}{2}p^{2h+1}M'_{2h} = 1^{2h/1}l \cdot q^2 + 1^{2h/1}2d \sum_0^h \frac{(-p^2q^2)^n}{1^{2n/1}} + 1^{2h/1}2c \sum_1^h \frac{(pq)^{2n-1}}{1^{2n-1/1}}$$

$$+ 2^{2h-1/1} \sum_1^h \left\{ \frac{1}{1^{2n/1}} \sum_0^{n-1} 1^{2n-2m/1}(-p^2q^2)^m \right\}$$

$$+ 3^{2h-2/1} \sum_1^h \left\{ \frac{1}{1^{2n-1/1}} \sum_0^{n-1} 1^{2n-2m/1}(-p^2q^2)^m \right\}, \tag{26}$$

$$\tfrac{1}{2}p^{2h+2}M'_{2h+1} = 1^{2h+1/1}l \cdot q^2 + 1^{2h+1/1}2d \sum_1^h \frac{(-p^2q^2)^n}{1^{2n/1}} + 1^{2h+1/1}2c \sum_1^{h+1} \frac{(pq)^{2n-1}}{1^{2n-1/1}}$$

$$+ 2^{2h/1} \sum_1^{h+1} \left\{ \frac{1}{1^{2n+1/1}} \sum_1^{n-1} 1^{2n-2m+1/1}(-p^2q^2)^m \right\}$$

$$+ 3^{2h-1/1} \sum_1^h \left\{ \frac{1}{1^{2n/1}} \sum_0^{n-1} 1^{2n-2m/1}(-p^2q^2)^m \right\}. \tag{27}$$

17. Pour les intégrales au dénominateur $q^4 - x^4$, nous avons les formules (12) et (13) à transformer. Des quatre formules dans (12) on ne peut employer que la R_3, puisque la transformation par le Théorème I du N°. 3 des trois premières donnerait des termes intégrés à dénominateur x^3, x^2 et x successivement, lesquelles donc pour la limite inférieure 0 de x deviendraient nécessairement infinies, ce qui rendrait le résultat indéterminé. Cette circonstance n'a pas lieu auprès de la quatrième, car on aura :

$$8R_3 = \int_0^\infty e^{-px} d \cdot l \cdot (x^4 - q^4)^2 = e^{-px} l \cdot (x^4 - q^4)^2 \Big]_0^\infty - \int_0^\infty l \cdot (x^4 - q^4)^2(-pe^{-px}\, dx),$$

donc, puisque l'on voit aisément que le terme déjà intégré se réduit nécessairement à $-4l \cdot q^2$, on obtient en réduisant :

$$\int_0^\infty e^{-px} l \cdot (q^4 - x^4)^2\, dx = \frac{2}{p}(b + a + 2d) + \frac{4}{p} l \cdot q^2$$

$$= \frac{2}{p}(b + a + 2d + 2l \cdot q^2). \tag{28}$$

Ajoutons, que l'on aurait trouvé ce résultat de même par l'addition des formules (20) et (24).

Lorsque nous nommons l'intégrale

$$\int_0^\infty e^{-px} x^h l \cdot (q^4 - x^4)^2\, dx = R'_h,$$

les quatre équations (13) donnent :

$$8R_{4h} = \int_0^\infty x^{4h-3}e^{-px}\, d \cdot l \cdot (q^4 - x^4)^2$$

$$= -\int_0^\infty l \cdot (q^4 - x^4)^2 \left\{ -pe^{-px}x^{4h-3} + (4h-3)x^{4h-4}e^{-px} \right\} dx,$$

$$8R_{4h+1} = \int_0^\infty x^{4h-2}e^{-px}\, d \cdot l \cdot (q^4 - x^4)^2$$

$$= -\int_0^\infty l \cdot (q^4 - x^4)^2 \left\{ -pe^{-px}x^{4h-2} + (4h-2)x^{4h-3}e^{-px} \right\} dx,$$

$$8R_{4h+2} = \int_0^\infty x^{4h-1}e^{-px}\, d \cdot l \cdot (q^4 - x^4)^2$$

$$= -\int_0^\infty l \cdot (q^4 - x^4)^2 \left\{ -pe^{-px}x^{4h-1} + (4h-1)x^{4h-2}e^{-px} \right\} dx,$$

$$8R_{4h+3} = \int_0^\infty x^{4h}e^{-px}\, d \cdot l \cdot (q^4 - x^4)^2$$

$$= -\int_0^\infty l \cdot (q^4 - x^4)^2 \left\{ -pe^{-px}x^{4h} + 4hx^{4h-1}e^{-px} \right\} dx.$$

Les termes intégrés sont de suite omis dans ces formules-ci, parcequ'ils ont évidemment une valeur nulle, d'après un raisonnement tout-à-fait égal à celui pour les cas précédents. Pour chaque forme de h, c'est-à-dire pour les R_{4h}, R_{4h+1}, R_{4h+2}, R_{4h+3}, ces équations donnent précisément la même chose, savoir :

$$8R_{h+3} = -\int_0^\infty l \cdot (q^4 - x^4)^2 \left\{ -pe^{-px}x^h + hx^{h-1}e^{-px} \right\} dx;$$

donc

$$8R_{h+3} = pR'_h - hR'_{h-1} \quad \text{ou} \quad pR'_h = hR'_{h-1} + 8R_{h+3}; \tag{z'}$$

ce qui donne en application, attendu que la valeur de l'intégrale R'_0 est donnée par la formule (28), les expressions suivantes :

$$pR'_1 = 1R'_0 + 8R_4,$$
$$p^2R'_2 = 1 \cdot 2R'_0 + 2 \cdot 8R_4 + 8pR_5,$$
$$p^3R'_3 = 1 \cdot 2 \cdot 3R'_0 + 2 \cdot 3 \cdot 8R_4 + 3 \cdot 8pR_5 + 8p^2R_6,$$

donc en général

$$p^hR'_h = 1^{h/1}R'_0 + 8 \cdot 1^{h/1} \sum_1^h \frac{p^{m-1}}{1^{m/1}}R_{m+3},$$

ou bien, lorsqu'on remplace R'_0 par sa valeur (28),

$$p^{h+1}R'_h = 2 \cdot 1^{h/1} \left\{ b + a + 2d + 2l \cdot q^2 + 4 \sum_1^h \frac{p^m}{1^{m/1}} R_{m+3} \right\}. \qquad (29)$$

Si l'on préfère d'éviter la sommation des R_h, il faut observer d'abord que nécessairement il y aura différence entre les divers résultats pour les cas où h est de la forme $4h$, $4h + 1$, $4h + 2$, $4h + 3$, puisque déjà les premiers termes des valeurs de R_h diffèrent entre eux, en ce qu'ils dépendent de $b - a$ et $a + b$, de c et d alternativement. Il vaudra donc mieux de faire d'abord cette distinction et de chercher la formule générale pour chaque cas en particulier. A cet effet l'on doit tenir les huit termes, qui appartiennent aux diverses valeurs de R_{4h}, R_{4h+1}, R_{4h+2}, R_{4h+3} respectivement, soigneusement séparés, et alors seulement on pourra en déduire les actes de progression, auxquels ces huit sommations sont assujetties, chacune pour soi, tant les quatre sommations simples que les quatre autres sommations doubles ; et cela pour chacune des formes de h en particulier. Vu la complication nécessaire des résultats, nous ne transcrirons ici que les trois premières valeurs :

$$\left. \begin{aligned}
p^2 R'_1 &= 1 \cdot 4l \cdot q^2 + 2(a + b) + 2pq(b - a) - 4pqc + 4d + 8, \\
p^3 R'_2 &= 1 \cdot 2 \cdot 4l \cdot q^2 + (1 \cdot 2 + p^2 q^2)2(a + b) + 2pq(b - a) \\
&\quad - 2 \cdot 4pqc + (1 \cdot 2 - p^2 q^2)4d + 8 \cdot 3, \\
p^4 R'_3 &= 1 \cdot 2 \cdot 3 \cdot 4l \cdot q^2 + (1 \cdot 2 \cdot 3 + 3p^2 q^2)2(a + b) + (2 \cdot 3 + p^2 q^2)2pq(b - a) \\
&\quad - (2 \cdot 3 - p^2 q^2)4pqc + (1 \cdot 2 \cdot 3 - 3p^2 q^2)4d + 8 \cdot 11.
\end{aligned} \right\} \qquad (30)$$

18. Ici l'on pourra faire la même remarque qu'au N$^\circ$. 11, c'est-à-dire que par la substitution de x pour x^2 et x^4 — ce qui est évidemment permis à cause des mêmes raisons, discutées dans le Numéro cité — on connait aussi la valeur des intégrales suivantes :

$$\int_0^\infty e^{-p\sqrt{x}} \quad l \cdot (q^2 - x)^2 \, dx = 2G'_1, \qquad \int_0^\infty e^{-p\sqrt{x}} \quad l \cdot (q^2 - x)^2 \, dx \cdot \sqrt{x} = 2G'_2,$$

$$\int_0^\infty e^{-p\sqrt{x}} x^h \, l \cdot (q^2 - x)^2 \, dx = 2G'_{2h+1}, \qquad \int_0^\infty e^{-p\sqrt{x}} x^h \, l \cdot (q^2 - x)^2 \, dx \cdot \sqrt{x} = 2G'_{2h+2},$$

$$\int_0^\infty e^{-p\sqrt{x}} \quad l \cdot (q^2 + x)^2 \, dx = 2M'_1, \qquad \int_0^\infty e^{-p\sqrt{x}} \quad l \cdot (q^2 + x)^2 \, dx \cdot \sqrt{x} = 2M'_2,$$

$$\int_0^\infty e^{-p\sqrt{x}} x^h \, l \cdot (q^2 + x)^2 \, dx = 2M'_{2h+1}, \qquad \int_0^\infty e^{-p\sqrt{x}} x^h \, l \cdot (q^2 + x)^2 \, dx \cdot \sqrt{x} = 2M'_{2h+2},$$

$$\int_0^\infty e^{-p\sqrt[4]{x}} \quad l \cdot (q^4 - x)^2 \, dx = 4R'_3, \qquad \int_0^\infty e^{-p\sqrt[4]{x}} \quad l \cdot (q^4 - x)^2 \, dx \cdot \sqrt{x} = 4R'_5,$$

$$\int_0^\infty e^{-p\sqrt[4]{x}} x^h l \cdot (q^4 - x)^2 \, dx = 4R'_{4h+3}, \qquad \int_0^\infty e^{-p\sqrt[4]{x}} x^h l \cdot (q^4 - x)^2 \, dx \cdot \sqrt{x} = 4R'_{4h+5}.$$

De ces deux séries, la première est la suite des intégrales analogues, trouvées dans les équations (14), (17) et (15), (19).

Toutes les intégrales, calculées dans les N°s 13 jusqu'ici, sont de la même forme : les intégrales sont entières, à un facteur exponentiel et un facteur logarithmique, et souvent encore à un troisième facteur algébrique ; tandis que les intégrales analogues, à facteur algébrique de forme fractionnaire semblent être indéterminées. Mais au lieu de la fonction logarithmique, que l'on a fait entrer sous le signe d'intégration définie, l'on peut aussi quelquefois y introduire une fonction circulaire inverse par la même méthode.

---

19.   Parce que l'on a $d_x \cdot \text{Arctg.} \dfrac{x}{q} = \dfrac{q}{q^2 + x^2}$, la supposition de $f(x) = \text{Arctg.} \dfrac{x}{q}$ peut offrir au Théorème I de N°. 3 une application non moins intéressante, que celle qu'on a étudiée précédemment ; parmi les formules citées et trouvées jusqu'ici, ils se trouvent qui se prêtent à une telle transformation, savoir (III), (IV), (11), (m) et (p) : voyons ce qui en résulte.

Les deux premières formules donnent :

$$q \int_0^\infty \frac{e^{-px}\, dx}{x^2 + q^2} = \int_0^\infty e^{-px}\, d \cdot \text{Arctg.} \frac{x}{q}$$

$$= e^{-px} \left. \text{Arctg.} \frac{x}{q} \right]_0^\infty - \int_0^\infty \text{Arctg.} \frac{x}{q} \left\{ -pe^{-px}\, dx \right\},$$

$$q \int_0^\infty \frac{e^{-px} x\, dx}{x^2 + q^2} = \int_0^\infty x e^{-px}\, d \cdot \text{Arctg.} \frac{x}{q}$$

$$= x e^{-px} \left. \text{Arctg.} \frac{x}{q} \right]_0^\infty - \int_0^\infty \text{Arctg.} \frac{x}{q} \left\{ -pe^{-px} + e^{-px} \right\} dx.$$

Quant aux termes déjà intégrés, pour la limite inférieure 0 de x la valeur en est $1 \cdot 0$ et $0 \cdot 1 \cdot 0$: donc zéro dans les deux cas. Pour l'autre limite supérieure ∞ de x, ils deviennent, puisque $\text{Arctg.} \infty = \frac{1}{2}\pi$, soit $\frac{\pi}{2} : \infty$ soit $\infty \cdot \frac{\pi}{2} : \infty$: donc la première valeur est nulle, tandis que la seconde est donnée sous une forme indéterminée. Il faut donc y appliquer les règles usuelles ; pour cela on peut ôter le facteur $\text{Arctg.} \dfrac{x}{q}$, parcequ'il est $\frac{1}{2}\pi$, constant : il reste donc :

$$\frac{x}{e^{px}} = \frac{1}{pe^{-px}} = \frac{1}{\infty} = 0.$$

Les termes s'évanouissent donc dans les deux cas entre les limites de x, 0 et ∞, et l'on obtient, lorsqu'on substitue le premier résultat dans la seconde équation :

$$\int_0^\infty e^{-px} \, \text{Arctg.} \frac{x}{q}\, dx = \frac{1}{p} \cdot q \cdot \frac{c}{q} = \frac{c}{p}, \tag{31}$$

$$\int_0^\infty e^{-px} \operatorname{Arctg.} \frac{x}{q} \cdot x \, dx = \frac{1}{p}\left(qd + \frac{c}{p}\right) = \frac{1}{p^2}(pqd + c). \tag{32}$$

Les intégrales (4) ensuite nous donnent ici par la même méthode :

$$q\mathrm{M}_{2h} = \int_0^\infty e^{-px} x^{2h} \, d \cdot \operatorname{Arctg.} \frac{x}{q}$$

$$= e^{-px} x^{2h} \operatorname{Arctg.} \frac{x}{q}\Bigg]_0^\infty - \int_0^\infty \operatorname{Arctg.} \frac{x}{q}\left\{-pe^{-px}x^{2h} + 2hx^{2h-1}e^{-px}\right\} dx,$$

$$q\mathrm{M}_{2h+1} = \int_0^\infty e^{-px} x^{2h+1} \, d \cdot \operatorname{Arctg.} \frac{x}{q}$$

$$= e^{-px} x^{2h+1} \operatorname{Arctg.} \frac{x}{q}\Bigg]_0^\infty - \int_0^\infty \operatorname{Arctg.} \frac{x}{q}\left\{-pe^{-px}x^{2h+1} + (2h+1)x^{2h}e^{-px}\right\} dx.$$

Quant au terme intégré, pour la limite inférieure de x, il devient $1 \cdot 0 \cdot 0$, donc zéro, et pour la limite supérieure $0 \cdot \infty \cdot \frac{\pi}{2}$ donc de forme indéterminée. En ôtant le facteur $\operatorname{Arctg.} \frac{x}{q}$, constant dans ce cas et égal à $\frac{1}{2}\pi$, on a par la règle ordinaire

$$\frac{x^h}{e^{px}} = \frac{hx^{h-1}}{pe^{px}} = \cdots = \frac{1^{h/1}}{p^h e^{px}}$$

donc pour la limite ∞ de x ce terme devient $\dfrac{1^{h/1}}{p^h \infty} = 0$: donc les termes s'évanouissent pour les deux limites de x. Lorsqu'on nomme l'intégrale

$$\int_0^\infty e^{-px} x^h \operatorname{Arctg.} \frac{x}{q} \, dx = \mathrm{M}_h'',$$

on voit clairement, que les deux équations précédentes coincident et reviennent à la seule formule

$$q\mathrm{M}_h = p\mathrm{M}_h'' - h\mathrm{M}_{h-1}''. \tag{aa}$$

Or, puisque M_0'' est exprimée par intégrale (31), on a successivement :

$$p\mathrm{M}_1'' = 1\mathrm{M}_0'' + q\mathrm{M}_1,$$
$$p^2\mathrm{M}_2'' = 1 \cdot 2 \cdot \mathrm{M}_0'' + 2 \cdot q\mathrm{M}_1 + pq\mathrm{M}_2,$$
$$p^3\mathrm{M}_3'' = 1 \cdot 2 \cdot 3 \cdot \mathrm{M}_0'' + 2 \cdot 3 \cdot q\mathrm{M}_1 + 3pq\mathrm{M}_2 + p^2 q\mathrm{M}_3,$$

donc en général :

$$p^h\mathrm{M}_h'' = 1^{h/1}\mathrm{M}_0'' + 1^{h/1}q \sum_1^h \frac{p^{n-1}}{1^{n/1}}\mathrm{M}_n,$$

ou bien, en vertu de la valeur calculée de M_0''

$$p^{h+1} M_h'' = 1^{h/1} \left\{ c + pq \sum_1^h \frac{p^{n-1}}{1^{n/1}} M_n \right\}. \tag{33}$$

Lorsqu'au contraire on veut exprimer les M_h'', sans avoir recours aux M_h, il faut substituer les valeurs calculées des M_h'' par l'équation (aa) et celles de M_h calculées par (11) successivement. A cause de la différence entre M_{2h} et M_{2h+1}, on doit ici aussi distinguer entre les intégrales M_{2h}'' et M_{2h+1}'' non seulement, mais encore on doit tenir séparées les parties des expressions obtenues, que l'on doit à la substitution des M_{2h} de celles que l'on acquiert par les M_{2h+1}. De telle sorte enfin on trouvera les formules suivantes :

$$\begin{aligned}
p^{2h+1} M_{2h}'' = {}& 1^{2h/1} c \sum_0^h \frac{(-p^2 q^2)^n}{1^{2n/1}} + 1^{2h/1} pqd \sum_0^{h-1} \frac{(-p^2 q^2)^n}{1^{2n+1/1}} \\
& + 3^{2h-2/1} pq \sum_1^h \left\{ \frac{1}{1^{2n/1}} \sum_0^{n-1} 1^{2n-2m/1} (-p^2 q^2)^m \right\} \\
& + 4^{2h-3/1} pq \sum_1^h \left\{ \frac{1}{1^{2n/1}} \sum_0^{n-1} 1^{2n-2m-1/1} (-p^2 q^2)^m \right\},
\end{aligned} \tag{34}$$

$$\begin{aligned}
p^{2h+2} M_{2h+1}'' = {}& 1^{2h+1/1} c \sum_0^h \frac{(-p^2 q^2)^n}{1^{2n/1}} + 1^{2h+1/1} pqd \sum_0^h \frac{(-p^2 q^2)^n}{1^{2n+1/1}} \\
& + 3^{2h-1/1} pq \sum_1^{h+1} \left\{ \frac{1}{1^{2n+1/1}} \sum_0^{n-1} 1^{2n-2m+1/1} (-p^2 q^2)^m \right\} \\
& + 4^{2h-2/1} pq \sum_1^h \left\{ \frac{1}{1^{2n/1}} \sum_0^{n-1} 1^{2n-2m/1} (-p^2 q^2)^m \right\}.
\end{aligned} \tag{35}$$

Les intégrales (m) se transforment de la même manière dans les équations :

$$\left. \begin{aligned}
q N_{k+1} &= \int_0^\infty \frac{e^{-px}\, dx}{(x^2 + q^2)^k}\, d \cdot \operatorname{Arctg.} \frac{x}{q} \\
&= \frac{e^{-px} \operatorname{Arctg.} \frac{x}{q}}{(x^2 + q^2)^k} \Big]_0^\infty - \int_0^\infty \operatorname{Arctg.} \frac{x}{q} \left\{ \frac{-pe^{-px}}{(x^2 + q^2)^k} + e^{-px} \frac{-k \cdot 2x}{(x^2 + q^2)^{k+1}} \right\} dx, \\
q O_{k+1} &= \int_0^\infty \frac{e^{-px} x\, dx}{(x^2 + q^2)^k}\, d \cdot \operatorname{Arctg.} \frac{x}{q} \\
&= \frac{e^{-px} x \operatorname{Arctg.} \frac{x}{q}}{(x^2 + q^2)^k} \Big]_0^\infty - \int_0^\infty \operatorname{Arctg.} \frac{x}{q} \left\{ \frac{e^{-px} - pe^{-px} x}{(x^2 + q^2)^k} + xe^{-px} \frac{-k \cdot 2x}{(x^2 + q^2)^{k+1}} \right\} dx \\
&= \frac{e^{-px} x \operatorname{Arctg.} \frac{x}{q}}{(x^2 + q^2)^k} \Big]_0^\infty \\
&\quad - \int_0^\infty e^{-px} \operatorname{Arctg.} \frac{x}{q}\, dx \left\{ \frac{1 - 2k}{(x^2 + q^2)^k} - \frac{px}{(x^2 + q^2)^k} + \frac{2kq^2}{(x^2 + q^2)^{k+1}} \right\}.
\end{aligned} \right\} \tag{bb}$$

Voyons d'abord ce que deviennent les fonctions déjà intégrées ici. Pour la limite inférieure $x = 0$, elles sont respectivement égales à $\dfrac{1 \cdot 0}{q^{2k}}$ et $\dfrac{1 \cdot 0 \cdot 0}{q^{2k}}$, toutes deux zéro.

Mais pour la limite supérieure $x = \infty$, elles deviennent $\dfrac{\frac{1}{2}\pi}{\infty \cdot \infty}$ et $\dfrac{\infty \cdot \frac{1}{2}\pi}{\infty \cdot \infty}$: donc la première est nulle, et la seconde se présente sous une forme indéterminée ; mais à raison du calcul précédent pour un cas parfaitement analogue, elle s'annulle de même : donc les termes intégrés s'évanouissent et pour les intégrales

$$\int_0^\infty e^{-px}\,\text{Arctg.}\,\frac{x}{q}\,\frac{dx}{(x^2+q^2)^k} = \text{N}_k'', \qquad \int_0^\infty e^{-px}\,\text{Arctg.}\,\frac{x}{q}\,\frac{x\,dx}{(x^2+q^2)^k} = \text{O}_k'',$$

les équations précédentes peuvent s'écrire comme suit :

$$\left.\begin{aligned}
q\text{N}_{k+1} &= p\text{N}_k'' + 2k\text{O}_{k+1}'', \\
q\text{O}_{k+1} &= (2k-1)\text{N}_k'' + p\text{O}_k'' - 2kq^2\text{N}_{k+1}''.
\end{aligned}\right\} \tag{cc}$$

Par l'élimination de O'' et N'' alternativement de la seconde équation à l'aide de leurs valeurs, tirées de la première, on obtient, après avoir diminué k d'une unité dans le second résultat :

$$\left.\begin{aligned}
4k(k-1)\text{N}_{k+1}'' &- 2(k-1)(2k-1)\text{N}_k'' + p^2\text{N}_{k-1}'' = pq\text{N}_k - 2(k-1)q\text{O}_{k+1}, \\
4k(k-1)\text{O}_{k+1}'' &- 2(k-1)(2k-3)\text{O}_k'' + p^2\text{O}_{k-1}'' \\
&= 2(k-1)q^3\text{N}_{k+1} - (2k-3)q\text{N}_k + pq\text{O}_k.
\end{aligned}\right\} \tag{dd}$$

Tant pour la supposition de $k = 0$ que pour $k = 1$, ces formules ne donnent pour N_1'' et O_1'' que $\frac{0}{0}$, valeur indéterminée. Ces intégrales sont parsuite dans le même cas, dont on a traité ci-dessus, par ex. au N°. 14.

---

20. Quoique d'un côté nous soyons parvenus à des résultats remarquables, et que d'un autre côté nous étions forcés de nous arrêter à quelques résultats indéterminés — le but principal de cette note était de faire valoir la fécondité du théorème déduit au N°. 3, dans un cas spécial. Et comme ici des intégrales (I), (II), (III), (IV) nous avons déduit nombre d'autres, il y a beaucoup de formules d'intégration définie auxquelles on peut appliquer le même Théorème, pourvu seulement, que les termes intégrés aient une valeur déterminée.

Mais on peut encore par le même chemin trouver des rélations entre diverses intégrales définies. Voyez ici quelques unes de ces formules déduites de ce que l'on a trouvé plus haut :

$$\int_0^\infty e^{-px} l \cdot (q \pm x)^2 \frac{2\,dx}{x \pm q} = e^{-px} \left[l \cdot (q \pm x)^2 \right]^2 \Big]_0^\infty$$
$$- \int_0^\infty l \cdot (q \pm x)^2 \left\{ -pe^{-px} l \cdot (q \pm x)^2 + e^{-px} \frac{2}{x \pm q} \right\},$$

$$\int_0^\infty e^{-px} l \cdot (q^2 \pm x^2)^2 \frac{4x\,dx}{x^2 \pm q^2} = e^{-px} \left[l \cdot (q^2 \pm x^2)^2 \right]^2 \Big]_0^\infty$$
$$- \int_0^\infty l \cdot (q^2 \pm x^2)^2 \left\{ -pe^{-px} l \cdot (q^2 \pm x^2)^2 + e^{-px} \frac{2 \cdot 2x}{x^2 \pm q^2} \right\}.$$

Or les termes intégrés deviennent pour la limite inférieure de $x : 1 \cdot (l \cdot q^2)^2$ et $1 \cdot (l \cdot q^4)^2$, et pour la limite supérieure $0 \cdot \infty$. La règle ordinaire donne ici :

$$\frac{\left[l \cdot (q \pm x)^2 \right]^2}{e^{px}} = \frac{2 \cdot l \cdot (q \pm x)^2 \dfrac{\pm 2}{q \pm x}}{pe^{px}} = \frac{4}{p} \frac{l \cdot (q \pm x)^2}{e^{px}(q \pm x)} = \frac{4}{p} \frac{\dfrac{\pm 2}{q \pm x}}{pe^{px}(x \pm q) + e^{px}}$$
$$= \frac{\pm 8}{pe^{px}(q \pm x)\{px \pm pq + 1\}},$$

$$\frac{\left[l \cdot (q^2 \pm x^2)^2 \right]^2}{e^{px}} = \frac{2 \cdot l \cdot (q^2 \pm x^2)^2 \dfrac{\pm 2 \cdot 2x}{q^2 \pm x^2}}{pe^{px}} = \frac{8}{p} \frac{l \cdot (q^2 \pm x^2)^2}{e^{px}(x \pm q^2 x^{-1})}$$
$$= \frac{8}{p} \frac{\dfrac{\pm 2 \cdot 2x}{q^2 \pm x^2}}{pe^{px}(x \pm q^2 x^{-1}) + e^{px}(1 \mp q^2 x^{-2})} = \frac{32}{p} \frac{x^3}{e^{px}\{px(x^2 \pm q^2)^2 + x^4 - q^4\}}.$$

Quant à la première valeur, elle est évidemment nulle, et la seconde devient aussi zéro après trois différentiations successives, qui feront disparaître l'élément x du numérateur, et le rendront égal à $32 \cdot 1 \cdot 2 \cdot 3$, tandis que la dénominateur reste du même degré, outre le facteur e^{px}. Donc on a

$$p \int_0^\infty e^{-px} \left[l \cdot (q \pm x)^2 \right]^2 dx \quad - 4 \int_0^\infty \frac{e^{-px} l \cdot (q \pm x)^2\,dx}{x \pm q} = (l \cdot q^2)^2, \qquad (36)$$

$$p \int_0^\infty e^{-px} \left[l \cdot (q^2 \pm x^2)^2 \right]^2 dx - 8 \int_0^\infty \frac{e^{-px} l \cdot (q^2 \pm x^2)^2\,dx}{x^2 \pm q^2} = (l \cdot q^4)^2; \qquad (37)$$

équations, qui peuvent s'écrire aussi :

$$\int_0^\infty e^{-px} l \cdot (q \pm x)^2 \; \frac{p(x \pm q) l \cdot (q \pm x)^2 - 4}{x \pm q} = (l \cdot q^2)^2, \qquad (38)$$

$$\int_0^\infty e^{-px} l \cdot (q^2 \pm x^2)^2 \frac{p(x^2 \pm q^2) l \cdot (q^2 \pm x^2)^2 - 8}{x^2 \pm q^2} = (l \cdot q^4)^2. \qquad (39)$$

Encore on aurait par un procédé analogue

$$\int_0^\infty e^{-px} \operatorname{Arctg.} \frac{x}{q} \frac{q\,dx}{q^2 + x^2}$$
$$= e^{-px} \left[\operatorname{Arctg.} \frac{x}{q} \right]^2 \bigg]_0^\infty - \int_0^\infty \operatorname{Arctg.} \frac{x}{q} \left\{ -pe^{-px} \operatorname{Arctg.} \frac{x}{q} + e^{-px} \frac{q}{q^2 + x^2} \right\} dx,$$

ou, parceque le terme intégré est nécessairement zéro pour les deux limites de x,

$$p \int_0^\infty e^{-px} \left[\operatorname{Arctg.} \frac{x}{q} \right]^2 dx = 2q \int_0^\infty \frac{e^{-px} \operatorname{Arctg.} \frac{x}{q}\,dx}{q^2 + x^2}, \tag{40}$$

ou bien

$$\int_0^\infty e^{-px} \operatorname{Arctg.} \frac{x}{q} \frac{p(x^2 + q^2) \operatorname{Arctg.} \frac{x}{q} - 2q}{x^2 + q^2}\,dx = 0. \tag{41}$$

21.   Bien que nous ne soyons pas venus à bout de trouver des valeurs déterminées pour les intégrales C'_k, D'_k, H'_k, I'_k, N''_k, O''_k, nous pourrons facilement obtenir des formules qui leur ressemblent.

Car en premier lieu les équations (u') et (v') peuvent s'écrire comme suit :

$$\int_0^\infty e^{-px} l \cdot (q + x)^2 \frac{px + (pq + k - 1)}{(x + q)^k}\,dx = 2C_k + \frac{l \cdot q^2}{q^{k-1}}, \tag{42}$$

$$\int_0^\infty e^{-px} l \cdot (q - x)^2 \frac{px + (pq + k - 1)}{(x - q)^k}\,dx = 2D_k + \frac{l \cdot q^2}{(-q)^{k-1}}, \tag{43}$$

$$\int_0^\infty e^{-px} \cdot x^{h-1} l \cdot (q + x)^2 \frac{px^2 + (pq - h + k - 1)x - hq}{(x + q)^k}\,dx = 2E_{h,k}, \tag{44}$$

$$\int_0^\infty e^{-px} \cdot x^{h-1} l \cdot (q - x)^2 \frac{px^2 + (pq - k + h - 1)x + hq}{(x - q)^k}\,dx = 2F_{h,k}. \tag{45}$$

Les deux premières formules nous donnent pour $k = 2$ un résultat spécial, dont nous aurons besoin dans la suite, savoir :

$$\int_0^\infty e^{-px} l \cdot (q + x)^2 \frac{px + pq + 1}{(x + q)^2}\,dx = 2C_2 + \frac{l \cdot q^2}{q} = -2ap + \frac{1}{q}(2 + l \cdot q^2), \tag{46}$$

$$\int_0^\infty e^{-px} l \cdot (q - x)^2 \frac{px - pq + 1}{(x - q)^2}\,dx = 2D_2 - \frac{l \cdot q^2}{q} = -2bp - \frac{1}{q}(2 + l \cdot q^2). \tag{47}$$

Pour $k = 1$ les deux dernières équations (44) et (45) au contraire, donnent un résultat identique avec les formules (16) et (19) respectivement, attendu que dans cette supposition la forme fractionnaire devient entière, mais pour $k = 2$ on obtient, en ôtant de la fraction la fonction entière qui s'y trouve comprise, et eu égard par rapport à cette forme entière aux intégrales (16) et (19), les équations suivantes :

$$\int_0^\infty e^{-px} x^{h-1} l \cdot (q+x)^2 \frac{(pq+h-1)x + (hq+pq^2)}{(x+q)^2}\, dx = \quad pA'_{h-1} - 2E_{h,2}, \qquad (48)$$

$$\int_0^\infty e^{-px} x^{h-1} l \cdot (q-x)^2 \frac{(pq-h+1)x + (hq-pq^2)}{(x-q)^2}\, dx = -pB'_{h-1} + 2F_{h,2}. \qquad (49)$$

Tout de même les équations (x') se transforment analoguement dans les deux formules suivantes :

$$\int_0^\infty e^{-px} l \cdot (q^2-x^2)^2 \frac{px^2 + (k-1)2x - pq^2}{(x^2-q^2)^k}\, dx \qquad = 4I_k + \frac{2l \cdot q^2}{(-q^2)^k}, \qquad (50)$$

$$\int_0^\infty e^{-px} l \cdot (q^2-x^2)^2 \frac{px^3 + (2k-3)x^2 - pq^2 x + q^2}{(x^2-q^2)^k}\, dx = 4(H_{k-1} + q^2 H_k). \qquad (51)$$

Comme on a trouvé précédemment la valeur des intégrales $E_{h,k}$, $F_{h,k}$, H_k, I_k, A'_h, B'_h, ou du moins que l'on a indiqué le chemin de les calculer, nous pouvons les regarder ici comme données, quoique nous n'en transcrivons pas les expressions, afin de ne pas devenir trop longs. Cette remarque regarde en même temps les valeurs qui suivent plus bas.

Mais en second lieu, on peut encore obtenir d'autres résultats, de la même manière, qu'au N°. 13, par l'application du même théorème aux intégrales (VII), (VIII), (9), (10), (g), (h), (l), c'est-à-dire en y supposant que $f(x)$ soit égale à $l \cdot (q+x)^2$ ou à $l \cdot (q-x)^2$. Cela nous mènera pour les formules (VII) et (VIII) aux équations suivantes :

$$2\int_0^\infty \frac{e^{-px}\, dx}{x^2-q^2} = \int_0^\infty \frac{e^{-px}}{x-q}\, d \cdot l \cdot (q+x)^2$$

$$= \frac{e^{-px} l \cdot (q+x)^2}{x-q}\Bigg]_0^\infty - \int_0^\infty l \cdot (q+x)^2 \left\{ \frac{-pe^{-px}}{x-q} + e^{-px}\frac{-1}{(x-q)^2} \right\} dx,$$

$$2\int_0^\infty \frac{e^{-px}\, dx}{x^2-q^2} = \int_0^\infty \frac{e^{-px}}{x+q}\, d \cdot l \cdot (q-x)^2$$

$$= \frac{e^{-px} l \cdot (q-x)^2}{x+q}\Bigg]_0^\infty - \int_0^\infty l \cdot (q-x)^2 \left\{ \frac{-pe^{-px}}{x+q} + e^{-px}\frac{-1}{(x+q)^2} \right\} dx,$$

$$2\int_0^\infty \frac{e^{-px} x\, dx}{x^2-q^2} = \int_0^\infty \frac{e^{-px} x}{x-q}\, d \cdot l \cdot (q+x)^2$$

$$= \frac{e^{-px} x l \cdot (q+x)^2}{x-q}\Bigg]_0^\infty - \int_0^\infty l \cdot (q+x)^2 \left\{ \frac{e^{-px} - pe^{-px} x}{x-q} + e^{-px} x\frac{-1}{(x-q)^2} \right\} dx,$$

$$2 \int_0^\infty \frac{e^{-px} x \, dx}{x^2 - q^2} = \int_0^\infty \frac{e^{-px} x}{x + q} \, d \cdot l \cdot (q - x)^2$$

$$= \frac{e^{-px} x l \cdot (q - x)^2}{x + q} \Big]_0^\infty - \int_0^\infty l \cdot (q - x)^2 \left\{ \frac{e^{-px} - p e^{-px} x}{x + q} + e^{-px} x \frac{-1}{(x + q)^2} \right\} dx.$$

Lorsqu'on prend la peine de reprendre la discussion du N°. 12, on voit tout de suite qu'elle s'applique nécessairement au cas actuel : de sorte que nous trouvons après quelque réduction :

$$\int_0^\infty e^{-px} l \cdot (q + x)^2 \frac{px - pq + 1}{(x - q)^2} \, dx = \frac{b - a}{q} - \frac{l \cdot q^2}{q} = \frac{1}{q} \left\{ b - a - l \cdot q^2 \right\}, \tag{52}$$

$$\int_0^\infty e^{-px} l \cdot (q - x)^2 \frac{px + pq + 1}{(x + q)^2} \, dx = \frac{b - a}{q} + \frac{l \cdot q^2}{q} = \frac{1}{q} \left\{ b - a + l \cdot q^2 \right\}, \tag{53}$$

$$\int_0^\infty e^{-px} l \cdot (q + x)^2 \frac{px^2 - pqx + q}{(x - q)^2} \, dx = a + b,$$

$$\int_0^\infty e^{-px} l \cdot (q - x)^2 \frac{px^2 + pqx - q}{(x + q)^2} \, dx = a + b.$$

Ces deux dernières ne sont qu'une conséquence nécessaire des formules (14) et (52), (15) et (53) respectivement. On peut prendre encore la somme de (46) et (53), de (47) et (52), savoir :

$$\int_0^\infty e^{-px} l \cdot (q^2 - x^2)^2 \frac{px + pq + 1}{(x + q)^2} \, dx = \frac{1}{q} \left\{ 2 + 2l \cdot q^2 + b - a - 2apq \right\}, \tag{54}$$

$$\int_0^\infty e^{-px} l \cdot (q^2 - x^2)^2 \frac{px - pq + 1}{(x - q)^2} \, dx = \frac{1}{q} \left\{ -2 - 2l \cdot q^2 + b - a - 2bpq \right\}. \tag{55}$$

Quant aux autres intégrales mentionnées, (9), (10), (g), (h), (l) on obtient de la même manière, en prenant pour $f(x)$ tantôt $l \cdot (q + x)^2$, tantôt $l \cdot (q - x)^2$:

$$2G_h = \int_0^\infty \frac{e^{-px} x^h}{x - q} \, d \cdot l \cdot (q + x)^2 = \frac{e^{-px} x^h l \cdot (q + x)^2}{x - q} \Big]_0^\infty -$$

$$- \int_0^\infty l \cdot (q + x)^2 \left\{ \frac{-p e^{-px} x^h + h x^{h-1} e^{-px}}{x - q} + e^{-px} x^h \frac{-1}{(x - q)^2} \right\} dx,$$

$$2G_h = \int_0^\infty \frac{e^{-px} x^h}{x + q} \, d \cdot l \cdot (q - x)^2 = \frac{e^{-px} x^h l \cdot (q - x)^2}{x + q} \Big]_0^\infty -$$

$$- \int_0^\infty l \cdot (q - x)^2 \left\{ \frac{-p e^{-px} x^h + h x^{h-1} e^{-px}}{x + q} + e^{-px} x^h \frac{-1}{(x + q)^2} \right\} dx,$$

$$2\mathrm{H}_{k+1} = \int_0^\infty \frac{e^{-px}}{(x^2-q^2)^k(x-q)}\, d\cdot l\cdot(q+x)^2 = \frac{e^{-px}l\cdot(q+x)^2}{(x^2-q^2)^k(x-q)}\bigg]_0^\infty -$$

$$-\int_0^\infty l\cdot(x+q)^2\left\{\frac{-pe^{-px}}{(x^2-q^2)^k(x-q)} + e^{-px}\left(\frac{-1}{(x^2-q^2)^k(x-q)^2} + \frac{-k\cdot 2x}{(x^2-q^2)^{k+1}(x-q)}\right)\right\}dx,$$

$$2\mathrm{H}_{k+1} = \int_0^\infty \frac{e^{-px}}{(x^2-q^2)^k(x+q)}\, d\cdot l\cdot(q-x)^2 = \frac{e^{-px}l\cdot(q-x)^2}{(x^2-q^2)^k(x+q)}\bigg]_0^\infty -$$

$$-\int_0^\infty l\cdot(q-x)^2\left\{\frac{-pe^{-px}}{(x^2-q^2)^k(x+q)} + e^{-px}\left(\frac{-1}{(x^2-q^2)^k(x+q)^2} + \frac{-k\cdot 2x}{(x^2-q^2)^{k+1}(x+q)}\right)\right\}dx,$$

$$2\mathrm{I}_{k+1} = \int_0^\infty \frac{e^{-px}x}{(x^2-q^2)^k(x-q)}\, d\cdot l\cdot(q+x)^2 = \frac{e^{-px}x\cdot l\cdot(q+x)^2}{(x^2-q^2)^k(x-q)}\bigg]_0^\infty -$$

$$-\int_0^\infty l\cdot(q+x)^2\left\{\frac{-pe^{-px}x+e^{-px}}{(x^2-q^2)^k(x-q)} + e^{-px}x\left(\frac{-1}{(x^2-q^2)^k(x-q)^2} + \frac{-k\cdot 2x}{(x^2-q^2)^{k+1}(x-q)}\right)\right\}dx,$$

$$2\mathrm{I}_{k+1} = \int_0^\infty \frac{e^{-px}x}{(x^2-q^2)^k(x+q)}\, d\cdot l\cdot(q-x)^2 = \frac{e^{-px}x\cdot l\cdot(q-x)^2}{(x^2-q^2)^k(x+q)}\bigg]_0^\infty -$$

$$-\int_0^\infty l\cdot(q-x)^2\left\{\frac{-pe^{-px}x+e^{-px}}{(x^2-q^2)^k(x+q)} + e^{-px}x\left(\frac{-1}{(x^2-q^2)^k(x+q)^2} + \frac{-k\cdot 2x}{(x^2-q^2)^{k+1}(x+q)}\right)\right\}dx,$$

$$2\int_0^\infty \frac{e^{-px}x^h\, dx}{(x^2-q^2)^{k+1}} = \int_0^\infty \frac{e^{-px}x^h}{(x^2-q^2)^k(x-q)}\, d\cdot l\cdot(q+x)^2 = \frac{e^{-px}x^h l\cdot(q+x)^2}{(x^2-q^2)^k(x-q)}\bigg]_0^\infty -$$

$$-\int_0^\infty l\cdot(q+x)^2\left\{\frac{\dfrac{-pe^{-px}x^h+hx^{h-1}e^{-px}}{(x^2-q^2)^k(x-q)}}{+e^{-px}x^h\left(\dfrac{-1}{(x^2-q^2)^k(x-q)} + \dfrac{-k\cdot 2x}{(x^2-q^2)^{k+1}(x-q)}\right)}\right\}dx,$$

$$2\int_0^\infty \frac{e^{-px}x^h\, dx}{(x^2-q^2)^{k+1}} = \int_0^\infty \frac{e^{-px}x^h}{(x^2-q^2)^k(x+q)}\, d\cdot l\cdot(q-x)^2 = \frac{e^{-px}x^h l\cdot(q-x)^2}{(x^2-q^2)^k(x+q)}\bigg]_0^\infty -$$

$$-\int_0^\infty l\cdot(q-x)^2\left\{\frac{\dfrac{-pe^{-px}x^h+hx^{h-1}e^{-px}}{(x^2-q^2)^k(x+q)}}{+e^{-px}x^h\left(\dfrac{-1}{(x^2-q^2)^k(x+q)} + \dfrac{-k\cdot 2x}{(x^2-q^2)^{k+1}(x+q)}\right)}\right\}dx.$$

Pour la limite inférieure 0 de x les termes intégrés dans les deux premières et les quatres dernières de ces équations ont pour valeur zéro, dans les deux autres au contraire : $\dfrac{l\cdot q^2}{(-1)^{k+1}q^{2k+1}}$ et $\dfrac{l\cdot q^2}{(-1)^k q^{2k+1}}$ respectivement. Pour la limite supérieure ∞ tous les termes se présentent sous forme indéterminée, et il faut avoir recours aux règles ordinaires dans ce cas. Quant au terme intégré dans la troisième et la quatrième équation, il revient alors à

$$
\frac{l \cdot (q \pm x)^2}{e^{px}(x^2 - q^2)^k(x \mp q)}
$$
$$
= \frac{\pm 2 : (q \pm x)}{pe^{px}(x^2 - q^2)^k(x \mp q) + k2x(x^2 - q^2)^{k-1}e^{px}(x \mp q) + e^{px}(x^2 - q^2)^k}
$$
$$
= \frac{\pm 1}{e^{px}(x^2 - q^2)^{k-1}(x \pm q)\left\{px^3 + (2k \mp p + 1)x^2 - (pq \pm 2k)qx \pm pq^3 - q^2\right\}},
$$

donc la valeur en est zéro. Pour les six autres équations on peut mettre le terme sous la valeur générale :

$$
\frac{l \cdot (q \pm x)^2}{e^{px}x^{-h}(x^2 - q^2)^k(x \mp q)}
$$
$$
= \frac{\pm 2 : (q \pm x)}{\left\{\begin{array}{l} pe^{px}x^{-h}(x^2 - q^2)^k(x \mp q) - hx^{-h-1}(x^2 - q^2)^k(x \mp q)e^{px} \\ \quad + k \cdot 2x(x^2 - q^2)^{k-1}e^{px}x^{-h}(x \mp q) + e^{px}x^{-h} \cdot (x^2 - q^2)^k \end{array}\right\}}
$$
$$
= \frac{2x^{h+1}}{\left\{\begin{array}{l} e^{px}(x^2 - q^2)^{k-1}(x \pm q) \\ \quad \cdot \left\{px^4 + (2k - h + 1 \mp p)x^3 - (pq \pm 2k \mp h)qx^2 + (h - 1 \pm pq)q^2x \mp hq^3\right\} \end{array}\right\}}.
$$

Si l'on continue à présent la différentiation, le numérateur se réduit enfin à $1^{h+1/1}$: donc le terme est nul pour la limite ∞ de x. Donc les équations précédentes deviennent :

$$
\int_0^\infty e^{-px}x^{h-1}l \cdot (q + x)^2\frac{px^2 - (pq + h - 1) + hq}{(x - q)^2}\,dx = 2\mathrm{G}_h, \tag{56}
$$

$$
\int_0^\infty e^{-px}x^{h-1}l \cdot (q - x)^2\frac{px^2 + (pq - h + 1) - hq}{(x + q)^2}\,dx = 2\mathrm{G}_h, \tag{57}
$$

$$
\int_0^\infty e^{-px}l \cdot (q + x)^2\frac{px^3 - (pq - 2k - 1)x^2 - (pq + 2k)qx + pq^3 - q^2}{(x^2 - q^2)^{k+1}(x - q)^2}\,dx
$$
$$
= 2\mathrm{H}_{k+1} + (-1)^{k+1}\frac{l \cdot q^2}{q^{2k+1}}, \tag{58}
$$

$$
\int_0^\infty e^{-px}l \cdot (q - x)^2\frac{px^3 + (pq + 2k + 1)x^2 - (pq - 2k)qx - pq^3 - q^2}{(x^2 - q^2)^{k+1}(x + q)^2}\,dx
$$
$$
= 2\mathrm{H}_{k+1} + (-1)^{k+1}\frac{l \cdot q^2}{q^{2k+1}}, \tag{59}
$$

$$\int_0^\infty e^{-px} l \cdot (q+x)^2 \frac{px^4 - pqx^3 - (pq^2 - q - 2k)x^2 + (pq^2 - 2k)qx - q^3}{(x^2 - q^2)^{k+1}(x-q)^2} \, dx = 2\mathrm{I}_{k+1}, \tag{60}$$

$$\int_0^\infty e^{-px} l \cdot (q-x)^2 \frac{px^4 + pqx^3 - (pq^2 + q - 2k)x^2 - (pq^2 - 2k)qx + q^3}{(x^2 - q^2)^{k+1}(x+q)^2} \, dx = 2\mathrm{I}_{k+1}, \tag{61}$$

$$\int_0^\infty e^{-px} l \cdot (q+x)^2 \frac{px^4 - (pq + k - 1)x^3 - (pq^2 - hq - 2k)x^2 + (pq^2 - hq - q - 2k)qx - hq^3}{(x^2 - q^2)^{k+1}(x-q)^2} \, dx$$
$$= 2 \int_0^\infty \frac{e^{-px} x^h \, dx}{(x^2 - q^2)^{k+1}}, \tag{62}$$

$$\int_0^\infty e^{-px} l \cdot (q-x)^2 \frac{px^4 - (pq - k + 1)x^3 - (pq^2 + hq - 2k)x^2 - (pq^2 - hq + q - 2k)qx + hq^3}{(x^2 - q^2)^{k+1}(x+q)^2} \, dx$$
$$= 2 \int_0^\infty \frac{e^{-px} x^h \, dx}{(x^2 - q^2)^{k+1}}. \tag{63}$$

Dans les intégrales (56) et (57) nous avons expressément omis de faire attention à la différence entre les G_{2h} et G_{2h+1}, parceque la réduction ne change pas pour ces deux cas; la même observation vaut des intégrales (62), (63), qui pour h de la forme $2h$ ou $2h+1$ sont respectivement égales à $\mathrm{K}_{h,k+1}$ et $\mathrm{L}_{h,k+1}$. Nous pouvons en déduire des résultats un peu plus simples en prenant la différence de (60) et (58) et la somme de (59) et (61), c'est-à-dire après quelques réductions :

$$\int_0^\infty e^{-px} l \cdot (q+x)^2 \frac{px^2 + 2kx - pq^2}{(x^2 - q^2)^{k+1}} \, dx = 2\mathrm{I}_{k+1} - 2q\mathrm{H}_{k+1} + (-1)^k \frac{2l \cdot q^2}{q^{2k}}, \tag{64}$$

$$\int_0^\infty e^{-px} l \cdot (q-x)^2 \frac{px^2 + 2kx - pq^2}{(x^2 - q^2)^{k+1}} \, dx = 2\mathrm{I}_{k+1} + 2q\mathrm{H}_{k+1} + (-1)^k \frac{2l \cdot q^2}{q^{2k}}; \tag{65}$$

dont la somme donne de nouveau

$$\int_0^\infty e^{-px} l \cdot (q^2 - x^2)^2 \frac{px^2 + 2kx - pq^2}{(x^2 - q^2)^{k+1}} \, dx = 4\mathrm{I}_{k+1} + (-1)^k \frac{4l \cdot q^2}{q^{2k}}. \tag{66}$$

22. Observons encore que les équations (bb) peuvent s'écrire :

$$\int_0^\infty e^{-px} \operatorname{Arctg.} \frac{x}{q} \frac{px^2 + 2kx + pq^2}{(x^2 + q^2)^{k+1}} \, dx = q\mathrm{N}_{k+1}, \tag{67}$$

$$\int_0^\infty e^{-px} \operatorname{Arctg.} \frac{x}{q} \frac{px^3 + (2k-1)x^2 + pq^2 x - q^2}{(x^2 - q^2)^{k+1}} \, dx = q\mathrm{O}_{k+1}. \tag{68}$$

Enfin lorsqu'on applique la transformation du N°. 19 aux intégrales R_h, on aura, sans faire attention aux diverses formes de h, ce qui n'est d'aucune influence sur la réduction actuelle :

$$q\mathrm{R}_h = \int_0^\infty \frac{e^{-px}x^h}{x^2-q^2}\, d\cdot \mathrm{Arctg.}\,\frac{x}{q} = \left.\frac{e^{-px}x^h\,\mathrm{Arctg.}\,\frac{x}{q}}{x^2-q^2}\right]_0^\infty -$$
$$-\int_0^\infty \mathrm{Arctg.}\,\frac{x}{q}\left\{\frac{-pe^{-px}x^h + hx^{h-1}e^{-px}}{x^2-q^2} + e^{-px}x^h\frac{-2x}{(x^2-q^2)^2}\right\}.$$

Le terme intégré est nul tout comme ci-dessus, pour les deux limites de x et l'on a par suite :

$$\int_0^\infty e^{-px}x^{h-1}\,\mathrm{Arctg.}\,\frac{x}{q}\,\frac{px^3-(h-2)x^2-pq^2x+hq^2}{(x^2-q^2)^2}\,dx = q\mathrm{R}_h. \qquad (69)$$

Par le procédé suivant on peut acquérir des formules analogues un peu plus simples. Il est évident que

$$\mathrm{R}_{h+1} \mp q\mathrm{R}_h = \int_0^\infty \frac{e^{-px}x^h}{x\pm q}\,\frac{dx}{x^2+q^2};$$

cette formule, assujettie à la même transformation que la précédente donnera un terme déjà intégré, qui sera nul par un raisonnement analogue : donc on trouve de suite

$$\int_0^\infty \mathrm{Arctg.}\,\frac{x}{q}\left\{\frac{hx^{h-1}e^{-px}-pe^{-px}x^h}{x\pm q} + e^{-px}x^h\frac{-1}{(x\pm q)^2}\right\}dx$$
$$= \int_0^\infty e^{-px}x^{h-1}\,\mathrm{Arctg.}\,\frac{x}{q}\,\frac{px^2+(\pm pq-h+1)\mp hq}{(x\pm q)^2}\,dx = q\mathrm{R}_{h+1}\mp q^2\mathrm{R}_h,$$

ou, en introduisant l'intégrale M_h'', connue par la formule (33),

$$\int_0^\infty e^{-px}x^{h-1}\,\mathrm{Arctg.}\,\frac{x}{q}\,\frac{(\pm pq+h-1)x+(pq^2\pm hq)}{(x\pm q)^2}\,dx = \mathrm{M}_{h-1}''-q\mathrm{R}_{h+1}\pm q^2\mathrm{R}_h. \quad (70)$$

23. *Remarque.* Au N°. 3 on a observé qu'on étudierait quelques intégrales, où il y aurait discontinuité pour la fonction déjà intégrée entre les limites de la variable : mais aussi, que la correction introduite par cette discontinuité, serait nulle dans tous les cas : — il faudra démontrer cet énoncé.

Commençons par les intégrales C_k, $\mathrm{F}_{k,h}$; le terme intégré a pour forme générale :

$$\frac{x^h e^{-px}}{(x-q)^k} = e^{-px}x^h(x-q)^{-k} = x^h e^{-px-\frac{1}{2}kl\cdot(x-q)^2}.$$

La correction à ajouter serait donc :

$$\Delta' = \mathrm{Lim.}\left[(q-\varepsilon)^h e^{-p(q-\varepsilon)-\frac{1}{2}kl\cdot\varepsilon^2} - (q+\varepsilon)^h e^{-p(q+\varepsilon)-\frac{1}{2}kl\cdot\varepsilon^2}\right]$$

$$= e^{-pq}\,\mathrm{Lim.}\left[(q-\varepsilon)^h e^{p\varepsilon-\frac{1}{2}kl\cdot\varepsilon^2} - (q+\varepsilon)^h e^{-p\varepsilon-\frac{1}{2}kl\cdot\varepsilon^2}\right]$$

$$= e^{-pq}\,\mathrm{Lim.}\left[\left\{q^h - \binom{h}{2}q^{h-2}\varepsilon^2 + \ldots\right\}\left(e^{p\varepsilon-\frac{1}{2}kl\cdot\varepsilon^2} - e^{-p\varepsilon-\frac{1}{2}kl\cdot\varepsilon^2}\right)\right.$$

$$\left.- \varepsilon\left\{\binom{h}{1}q^{h-1} + \binom{h}{3}q^{h-3}\varepsilon^2 + \ldots\right\}\left(e^{p\varepsilon-\frac{1}{2}kl\cdot\varepsilon^2} + e^{-p\varepsilon-\frac{1}{2}kl\cdot\varepsilon^2}\right)\right];$$

or, on sait que

$$e^{p\varepsilon-\frac{1}{2}kl\varepsilon^2} = 1 + \frac{p\varepsilon - \frac{1}{2}kl\varepsilon^2}{1} + \frac{(p\varepsilon - \frac{1}{2}kl\varepsilon^2)^2}{1\cdot 2} + \frac{(p\varepsilon - \frac{1}{2}kl\varepsilon^2)^3}{1\cdot 2\cdot 3} + \ldots,$$

$$e^{-p\varepsilon-\frac{1}{2}kl\cdot\varepsilon^2} = 1 + \frac{-p\varepsilon - \frac{1}{2}kl\varepsilon^2}{1} + \frac{(-p\varepsilon - \frac{1}{2}kl\varepsilon^2)^2}{1\cdot 2} + \frac{(-p\varepsilon - \frac{1}{2}kl\varepsilon^2)^3}{1\cdot 2\cdot 3} + \ldots;$$

donc

$$e^{p\varepsilon-\frac{1}{2}kl\cdot\varepsilon^2} - e^{-p\varepsilon-\frac{1}{2}kl\cdot\varepsilon^2} = \frac{2p\varepsilon}{1} + \frac{-2p\varepsilon kl\varepsilon^2}{1\cdot 2} + \cdots = 2\varepsilon\left\{\frac{p}{1} - \frac{pkl\varepsilon^2}{1\cdot 2} + \cdots\right\},$$

$$e^{p\varepsilon-\frac{1}{2}kl\cdot\varepsilon^2} + e^{-p\varepsilon-\frac{1}{2}kl\cdot\varepsilon^2} = 2 - \frac{kl\varepsilon^2}{2} + \frac{1}{2}\frac{4p^2\varepsilon^2 + k^2(l\varepsilon^2)^2}{1\cdot 2} - \cdots;$$

de sorte que l'on a

$$\Delta' = e^{-pq}\,\mathrm{Lim.}\,2\varepsilon\left[\left\{q^h + \binom{h}{2}q^{h-2}\varepsilon^2 + \ldots\right\}\left\{\frac{p}{1} - \frac{pkl\varepsilon^2}{1\cdot 2} + \ldots\right\}\right.$$

$$\left.- \left\{\binom{h}{1}q^{h-1} + \binom{h}{3}q^{h-3}\varepsilon^2 + \ldots\right\}\left\{1 - \frac{1}{2}\frac{kl\varepsilon^2}{1} + \frac{1}{4}\frac{4p^2\varepsilon^2 + k^2(l\varepsilon^2)^2}{1\cdot 2} - \ldots\right\}\right].$$

Or, je dis que cette limite est zéro, car il n'y entre que des termes de la forme $q^l\varepsilon$, $q^l\varepsilon^m$, $q^l\varepsilon^m(l\varepsilon)^n$. La limite des deux premières expressions est évidemment zéro : mais aussi c'est la limite nécessaire de la dernière, qui ce présente sous la forme indéterminée $0^m\cdot\infty^n$: car l'on a suivant la règle ordinaire

$$\varepsilon^m(l\varepsilon)^n = \frac{(l\varepsilon)^n}{\varepsilon^{-m}} = \frac{n(l\varepsilon)^{n-1}}{-m\varepsilon^{-m-1}}\,\frac{1}{\varepsilon} = \frac{-n}{m}\,\frac{(l\varepsilon)^{n-1}}{\varepsilon^{-m}}$$

donc en continuant la différentiation $n-1$ fois : $\dfrac{1^{n/1}}{(-m)^n}\,\dfrac{1}{\varepsilon^{-m}} = \dfrac{1^{n/1}}{(-m)^n}\,\varepsilon^m$ d'où l'on conclut que, cette limite étant zéro, on aura aussi

$$\Delta' = 0$$

ce qu'il fallait démontrer.

Pour les intégrales G, H, I, K et L, le terme intégré a la forme générale;

$$\frac{x^h e^{-px}}{(x^2 - q^2)^k} = x^h e^{-px - \frac{1}{2}kl(x+q)^2 - \frac{1}{2}kl(x-q)^2}$$

on a donc ici de la même manière que plus-haut

$$\Delta' = e^{-pq} \operatorname{Lim.} \left[\left\{ q^h + \binom{h}{2} q^{h-2}\varepsilon^2 + \dots \right\} \left\{ e^{p\varepsilon - \frac{1}{2}kl \cdot (2q-\varepsilon)^2 - \frac{1}{2}kl\varepsilon^2} - e^{-p\varepsilon - \frac{1}{2}kl \cdot (2q+\varepsilon)^2 - \frac{1}{2}kl\varepsilon^2} \right\} - \right.$$
$$\left. -\varepsilon \left\{ \binom{h}{1} q^{h-1} + \binom{h}{3} q^{h-3}\varepsilon^2 + \dots \right\} \left\{ e^{p\varepsilon - \frac{1}{2}kl \cdot (2q-\varepsilon)^2 - \frac{1}{2}kl\varepsilon^2} + e^{-p\varepsilon - \frac{1}{2}kl \cdot (2q+\varepsilon)^2 - \frac{1}{2}kl\varepsilon^2} \right\} \right];$$

or on a

$$p\varepsilon - kl \cdot (2q - \varepsilon) - kl\varepsilon = r = p\varepsilon - k\frac{-\varepsilon^2 + 2q\varepsilon - 1}{1} + k\frac{(-\varepsilon^2 + 2q\varepsilon - 1)^2}{1 \cdot 2} - \dots,$$
$$-p\varepsilon - kl \cdot (2q - \varepsilon) - kl\varepsilon = s = p\varepsilon - k\frac{+\varepsilon^2 + 2q\varepsilon - 1}{1} + k\frac{(\varepsilon^2 + 2q\varepsilon - 1)^2}{1 \cdot 2} - \dots;$$

donc

$$e^r - e^s = 1 - 1 + \frac{r - s}{1} + \frac{r^2 - s^2}{1 \cdot 2} + \frac{r^3 - s^3}{1 \cdot 2 \cdot 3} + \dots$$
$$= (r - s)\left(1 + \frac{r + s}{1 \cdot 2} + \frac{r^2 + 2rs + s^2}{1 \cdot 2 \cdot 3} + \dots\right)$$
$$= 2p\varepsilon - k\frac{-2\varepsilon^2}{1} + k\frac{4\varepsilon(2q\varepsilon - 1)}{1 \cdot 2} - \dots \left\{1 + \dots\right\},$$
$$e^r + e^s = 2 + \frac{r + s}{1} + \dots = 2 - 2k\frac{-q\varepsilon - 1}{1} + \dots,$$

d'où enfin

$$\Delta' = e^{-pq} \operatorname{Lim.} 2\varepsilon \left[\left\{ q^h + \binom{h}{2} q^{h-2}\varepsilon^2 + \dots \right\} \left\{ p + k\varepsilon + k\varepsilon(2q\varepsilon - 1) + \dots \right\} \right.$$
$$\left. + \left\{ \binom{h}{1} q^{h-1} + \binom{h}{3} q^{h-3}\varepsilon^2 + \dots \right\} \left\{ 1 - k(2q\varepsilon - 1) + \dots \right\} \right],$$

et l'on voit qu'ici de même Δ' a zéro pour limite. Un raisonnement tout-à-fait analogue donnerait le même résultat pour le cas des intégrales S, T, U, V à dénominateur $(x^4 - q^4)^k$.

Quant aux formules des N°s 12 à 18, on trouve en outre sous le signe d'intégration définie le facteur $l \cdot (q + x)^2$, $l \cdot (q - x)^2$, $l \cdot (q^2 - x^2)^2$, $l \cdot (q^2 + x^2)^2$, $l \cdot (q^4 - x^4)^2$

dont le premier et le quatrième ne deviennent pas discontinues; les trois autres au contraire

$$l \cdot (q-x)^2, \quad l \cdot (q^2-x^2)^2 = l \cdot (q+x)^2 + l \cdot (q-x)^2,$$
$$l \cdot (q^4-x^4)^2 = l \cdot (q^2+x^2)^2 + l \cdot (q+x)^2 + l \cdot (q-x)^2$$

sont bien dans ce cas, et toutes par la fonction $l \cdot (q-x)^2$ seulement. Celle-ci fait entrer sous la limite les deux termes $l \cdot \varepsilon^2$ et $l \cdot (-\varepsilon)^2 = l \cdot \varepsilon^2$ comme facteurs : le raisonnement reste donc le même, ainsi que la discussion sur la valeur des termes, qui se présentent sous une forme indéterminée : et la limite devient encore zéro.

Les mêmes observations valent aussi pour les autres intégrales, déduites aux Nos 20—22, parceque le raisonnement continue toujours de manière analogue.

Il est donc démontré, que la correction s'annulle ici, qui est nécessairement due à la discontinuité du terme intégré auprès de quelques-uns des résultats que nous avons déduits, et par suite qu'elle n'a pas d'influence : pour les intégrales, dont il n'a pas été fait mention ici, ce cas de discontinuité n'a pas lieu.